高　等　学　校　教　材

JICHU HUAXUE SHIYAN

基础化学实验

赵燕云　主编

韩银锋　孙家锋　副主编

化学工业出版社

·北京·

内 容 简 介

《基础化学实验》为泰山学院无机化学教研室编写的高等学校教材《无机化学》《无机及分析化学》的配套实验教材。全书分为六部分：基础化学实验的基本知识，仪器的使用基本实验操作，基本操作实验，化学原理及化学平衡实验，元素性质、制备及表征以及综合实验。实验内容与无机化学理论内容相辅相成，同时吸收最新的教学改革成果，引入微波实验、微型实验、绿色环保实验、计算化学实验等，使得理论教学与实验形成有机体系，有利于培养学生用理论解决实际问题的能力。

《基础化学实验》可作为化学、化学工程与工艺、高分子材料、生物科学、生物技术等专业的化学、无机及分析化学课程的配套实验教材，也可供相关科研人员参考。

图书在版编目（CIP）数据

基础化学实验/赵燕云主编；韩银锋，孙家锋副主编. —北京：化学工业出版社，2022.10（2024.9 重印）

ISBN 978-7-122-41982-8

Ⅰ.①基… Ⅱ.①赵…②韩…③孙… Ⅲ.①化学实验-高等学校-教材 Ⅳ.①O6-3

中国版本图书馆 CIP 数据核字（2022）第 144700 号

责任编辑：汪 靓 宋林青 王 岩　　　装帧设计：史利平

责任校对：宋 玮

出版发行：化学工业出版社（北京市东城区青年湖南街 13 号 邮政编码 100011）

印 装：北京机工印刷厂有限公司

787mm×1092mm 1/16 印张 9½ 彩插 1 字数 232 千字 2024 年 9 月北京第 1 版第 3 次印刷

购书咨询：010-64518888　　　售后服务：010-64518899

网 址：http://www.cip.com.cn

凡购买本书，如有缺损质量问题，本社销售中心负责调换。

定 价：28.00 元

前言

本书为泰山学院无机化学教研室编写的高等学校教材《无机化学》《无机及分析化学》的配套实验教材。化学是一门实践性很强的学科，本教材将设计实验方案、观察实验现象、处理结果方法等融入日常教学过程中，不仅帮助学生掌握化学基本知识、实验基本技能，更培养学生解决问题的能力和创新的思维。

本书主要依据实验教学实践并参考国内外有关实验教材编写而成。全书由六章组成：第一章为基础化学实验的基本知识，学习实验室基本知识及实验安全和急救处理，注重强化学生的安全意识及遇险后的急救能力。第二章为仪器的使用基本实验操作，重在基本仪器的操作练习，使学生熟练掌握实验操作。第三章基本操作实验包括无机实验、有机实验、分析实验所需的基础操作实验，这些内容为后续实验打下基础。第四章为化学原理及化学平衡实验，实验一到实验八配合教材化学反应原理部分的知识，与项目式学习方法相结合，培养学生将知识应用到实践中解决实际问题的能力；第六章综合实验十一到十四，为物质结构理论知识的实验。第五章为元素化合物相关内容的实验，加强学生对基本理论和基础知识的实际应用能力。第六章综合实验的设计与生活物品相结合，材料易得，实验环保，有助于培养学生的创新能力和环境保护意识。

本书由赵燕云（第一章，第二章部分，第三章中实验九、实验十及第六章中实验七、实验八、实验十），韩银锋（第三章中实验一，第六章中实验六、实验九），赵小瑞（第二章部分，第三章中实验二到实验八、实验十一，第四章中实验一、实验二、实验七，第五章中实验一、实验十二，第六章中实验二、实验四、实验五），孙家锋（第四章中实验四、实验六、实验八，第五章中实验三到实验九），郑泽宝（第三章中实验十二，第四章中实验三、实验五，第五章中实验二、实验十、实验十一，第六章中实验一、实验三、实验十一），程 学礼（第六章中实验十二到实验十四）共同编写完成。全书由赵燕云统稿。

本书在编写过程中，参阅了一些国内外优秀教材，在此谨表感谢。由于编者水平有限，书中疏漏之处在所难免，敬请专家及读者批评指正。

编者

2022 年 3 月于泰山学院

目录

第一章

基础化学实验的基本知识

第一节　基础化学实验相关知识

一、基础化学实验的目的和要求

基础化学实验是泰山学院化学实验教学中心独立设置的化学实验课程之一，是化学、化学工程与工艺、制药工程、高分子材料与工程、材料化学等专业必修的基础课程。每个实验项目融入实验教学的知识点和技能点，强化基本操作训练，同时增加综合设计性实验，目的是培养学生的实验基本操作技能、实验观察能力、实验数据处理能力、仪器设备使用能力以及查阅资料、设计实验方案和分析解决实际问题的能力。实验课作为培养学生创新能力的重要场所，不仅要培养学生“会做”而且更要“会想”，为综合创新实验和专业实验打下良好的基础。

通过本课程的训练，学生要达到如下教学要求：

① 掌握化学实验的基础理论、基本操作与技能，包括：玻璃仪器的清洗，试剂称量、加热和冷却方法，常见离子的基本性质与鉴定，基本物理常数的测定方法，典型无机化合物的基本合成，分离和表征方法等。

② 具备认真观察、分析判断实验现象的能力，能客观求实地记录实验现象与结果；具备合理地处理实验结果、做出结论的能力；在分析实验结果的基础上，能正确地运用化学语言进行科学表达，独立撰写实验报告；具有解决实际化学问题的实验思维能力和动手操作能力。

③ 可以根据实验需要，查阅手册、工具书、互联网等信息源获取必要信息，能独立、正确地设计实验方案（包括选择实验方法、实验条件、仪器和试剂、产品表征等），具有一定的创新思想与创新能力。

④ 具有实事求是、认真细致的科学态度，相互协作的团队精神以及创新意识等科学品德。

二、实验室管理规则

① 实验室是学校进行实验教学活动、课外科技活动、科研的重要场所，非相关人员不得随意进出。

② 做好实验课的管理工作。a. 学期初，按照实验教学计划总体安排全院《实验课程表》，各实验室将实验课表贴在墙上；b. 分组实验于一周前登记；c. 实验结束后，做好实验

室日志，对实验内容、试剂使用、卫生情况和仪器损坏情况进行登记；d. 以上资料按学期和年度装订成册存档。

③ 分组实验或课外科技活动结束后，教师清点仪器，整理好桌面，由实验员验收，认为合格后方准离开实验室，遇有仪器损坏或丢失，要当堂处理。

④ 做好档案资料管理工作。a. 实验室日志：记载各次实验，课外科技活动及其他与实验有关的各项工作；b. 各种仪器说明书的分类存档及大型仪器的使用情况记录；c. 实验室研究成果档案：记录研制、改进实验装置和自制教具情况，实验教学成果、科技活动发明制作、新设计或探索性实验等方面情况；d. 实验室（课）事故纪录；e. 有关实验室教学工作的文件杂志及书籍。

⑤ 遵守节约原则，节约水电、药品、材料，并爱护仪器。

⑥ 严格执行有关实验室工作的各项规章制度，对违反者及时批评教育，实验员进实验室要穿工作服。

三、学生守则

学生在实验室必须遵守实验室规则：

① 学生必须按规定的时间参加实验课，不得迟到、早退或旷课。

② 实验前必须认真预习实验内容，明确实验目的、原理、方法和步骤，经过课前教师提问，没有预习或提问不合格者，须重新预习，才可进行实验。

③ 学生必须穿实验服进入实验室，遵守实验室各项规章制度，保持安静，严禁高声喧哗、吸烟、随地吐痰或吃零食，不得随意动用与本实验无关的仪器。

④ 实验准备就绪后，须经指导教师检查同意方可进行实验。实验中应严格遵守实验要求，认真观察和分析实验现象，如实记录实验数据。

⑤ 实验中注意安全，节约水、电、药品、试剂等消耗材料，爱护实验仪器设备，凡违反操作规程或不听从指挥而造成事故、损坏仪器设备者，必须写出书面检查，并按学校有关规定赔偿损失。

⑥ 实验中若发生仪器故障或其他事故，应立即切断相关电源、水源等，停止操作，报告指导教师，待查明原因或排除故障后，方可继续进行实验。

⑦ 实验完毕后，应及时切断电源，关好水、气，将所用实验仪器、设备、药品等进行清理和归还，经指导教师同意后，方可离开实验室。

第二节　实验安全相关知识

一、实验室安全基本知识

1. 学生在实验室做到三禁

① 禁止手触、鼻闻、口尝任何化学药品。

② 禁止用一盏酒精灯点燃另一盏酒精灯。

③ 禁止用试管加热液体时，试管口对着自己或旁人。

2. 安全用电常识

违章用电可能造成人身伤亡、火灾、损坏仪器设备等严重事故，为了保障人身安全，一定要遵守实验室安全规则，防止触电。

① 不用潮湿的手接触电器。

② 如有人触电，应迅速切断电源，然后进行抢救。

③ 室内若有氢气、煤气等易燃易爆气体，应避免产生电火花。仪器设备工作和开关电闸时，易产生电火花，要特别小心。仪器设备接触点（如电插头）接触不良时，应及时修理或更换。

④ 如遇电线起火，立即切断电源，用沙或二氧化碳、四氯化碳灭火器灭火，禁止用水或泡沫灭火器等导电液体灭火。

3. 使用化学药品的安全防护

（1）防毒

① 实验前，应了解所用药品的毒性及防护措施。

② 如 H_2S、Cl_2、Br_2、NO_2、SO_2、CO、HCl 和 HF 等有毒气体的操作应在通风橱内进行。

③ 苯、四氯化碳、乙醚、硝基苯等的蒸气会引起中毒，它们有特殊气味，久嗅会使人嗅觉减弱，所以应在通风良好的环境下使用。

④ 有些药品（如苯、有机溶剂、汞等）能透过皮肤进入人体，应避免与皮肤接触。

⑤ 氰化物、高汞盐（$HgCl_2$、$Hg(NO_3)_2$ 等）、可溶性钡盐（$BaCl_2$）、重金属盐（如镉、铅盐）、三氧化二砷等剧毒药品，应妥善保管，使用时要特别小心。

⑥ 禁止在实验室内喝水、吃东西；饮食用具不要带进实验室，以防毒物污染，离开实验室及饭前要洗净双手。

（2）防爆

可燃气体（如 H_2、CO、CH_4 等）与空气混合，当两者比例达到爆炸极限时，受到热源（如电火花）的诱发，就会引起爆炸。

① 使用可燃性气体时，要防止气体逸出，室内通风要良好。

② 操作大量可燃性气体时，严禁同时使用明火，还要防止发生电火花及其他撞击火花。

③ 如叠氮化铝、乙炔银、乙炔铜、高氯酸盐、过氧化物等受震和受热都易引起爆炸的药品，使用时要特别小心。

④ 严禁将强氧化剂和强还原剂放在一起。

⑤ 久藏的乙醚使用前，应先除去其中可能产生的过氧化物。

⑥ 进行容易引起爆炸的实验，应有防爆措施。

（3）防火

① 大量使用如乙醚、丙酮、乙醇、苯等非常容易燃烧的有机溶剂时，室内不能有明火、电火花或静电放电。这类药品实验室内不可存放过多，用后还要及时回收处理，不可倒入下水道，以免聚集引起火灾。

② 如磷、金属钠、钾、电石及金属氢化物等，在空气中易氧化自燃；还有一些金属如铁、锌、铝等粉末比表面大也易在空气中氧化自燃，这些物质要隔绝空气保存，使用时要特别小心。

（4）防灼伤

强酸、强碱、强氧化剂、溴、磷、钠、钾、苯酚、冰醋酸等都会腐蚀皮肤，特别要防止溅入眼内。液氧、液氮等低温也会严重灼伤皮肤，使用时要小心，万一灼伤应及时治疗。

（5）气体使用操作规程

从气体厂刚充满氧的钢瓶压力可达 15MPa，使用氧气需用氧气压力表。

使用氧气时的注意事项：

① 搬运钢瓶时，防止剧烈振动，严禁连氧气表一起装车运输。

② 严禁与氢气同在一个实验室里面使用。

③ 尽可能远离热源。

④ 开阀门及调压时，人不要站在钢瓶出气口处，头不要在钢瓶头之上，而应在瓶之侧面，以保人身安全。

⑤ 防止漏气，若漏气应将螺旋旋紧或换皮垫。

⑥ 钢瓶内压力在 0.5MPa 以下时，不能再用，应该去灌气。

二、实验室安全规则

① 实验室内严禁烟火，严禁闲杂人员入内。

② 实验人员要充分熟悉如灭火器、急救箱的存放位置和使用方法，安全用具及急救药品不准移作他用。

③ 盛药品的容器上应贴上标签，注明名称、溶液浓度。

④ 危险药品要专人、专类、专柜保管，实行双人双锁管理制度。各种危险药品要根据其性能、特点分门别类贮存，并定期进行检查，以防意外事故发生。

⑤ 任何人不得私自将药品带出实验室。

⑥ 在操作有危险的实验时，应使用防护设备如防护眼镜、面罩、手套等。

⑦ 产生有刺激性或有毒气体的实验必须在通风橱内进行。

⑧ 具有强烈的腐蚀性的浓酸、浓碱，用时要特别小心，切勿使其溅在衣服或皮肤上。废酸应倒入酸缸，但不要向酸缸里直接倾倒碱液，以免酸碱中和放出大量的热而发生危险。

⑨ 实验中所用药品不得随意散失、遗弃，对产生有害气体的实验应按规定处理，以免污染环境，影响健康。

⑩ 实验完毕后，对实验室作一次系统的检查，关好门窗，防火、防盗、防破坏。

三、实验室常见急救用具

1. 实验室常用急救工具

（1）消防器材

包括泡沫灭火器、四氯化碳灭火器、干粉灭火器、灭火毯、消防沙等。

① 灭火器的使用：

a. 拿着把手将灭火器提起，使用前先将瓶身颠倒几次，使瓶内干粉松动，拿掉铅封；

b. 拔去保险，不要压住把手，否则保险不易拔出；

c. 在离起火点一点五米以上（如是电器起火，应更远）的侧后方瞄准起火点；

d. 左手握喷管，右手按住喷射装置，对准起火点喷射，且水平横向移动，将干粉包围覆盖起火点，直至火势全部扑灭。

② 灭火毯的使用：将灭火毯存放在实验室灭火器材存放区，其具有隔热效果，可以用

于扑灭一些火势较小的火灾。灭火时，只需将灭火毯打开直接覆盖在火源上。此外灭火毯还可以用于大型火灾时的紧急逃生，只需要将灭火毯打开将身体包裹起来。

③ 消防沙的使用：将消防沙盛于红色的消防沙桶，消防沙颗粒更细，具有良好的密闭性，一般用于扑灭油类的初起火灾，同时也可用于高温液态物或液体着火时的吸附和阻截。

(2) 急救药箱

包括：碘酒、红汞、紫药水、甘油、凡士林、烫伤药膏、70%的酒精、3%的双氧水、1%的乙酸溶液、1%的硼酸溶液、1%的饱和碳酸钠溶液、绷带、纱布、药棉、棉签、橡皮膏、医用镊子、剪刀等。

2. 实验室中意外事故的处理

(1) 割伤处理

① 用药棉及硼酸水擦洗伤口，将一切附着物完全清除，涂以碘酒。

② 用纱布包好伤口，注意用碘酒涂伤口后，碘酒必须蒸发后才可包扎。

③ 大量出血或割伤应去医院治疗。

(2) 轻度烫伤或烧伤处理

轻度烫伤或烧伤用硼酸水及药膏涂抹，用纱布扎包好；烫泡大者，不可刮破，须由医生酌情处理。

(3) 药品腐蚀伤处理

① 被酸或碱烧伤时，尽快地用水冲洗，然后涂中和剂（被碱烧伤时用醋酸或硼酸，被酸烧伤时用碳酸氢钠溶液）。

② 被溴烧伤时，用水或乙醇迅速清洗至伤口变白，然后涂以甘油。

③ 被金属钠腐蚀伤的情况与被碱腐蚀伤的情况处理方式相同。

(4) 眼睛受伤处理

眼睛受伤立即用水冲洗眼睛（不可用手擦和摸眼睛），对眼睛进行中和时应特别小心只能用不大于1%的硼酸或碳酸氢钠溶液，最后以蒸馏水冲洗。

四、实验室三废的处理

为了减少对环境造成污染，根据实验室“三废”排放的特点和现状，本着适当处理、回收利用的原则，处理实验室“三废”。

1. 废气

对少量的有毒气体可通过通风设备（通风橱或通风管道）经稀释后排至室外，如氮、硫、磷的酸性氧化物气体，用导管通入碱液中，使其先被吸收后排出。

2. 废液

根据废液化学特性选择合适的容器和存放地点，密闭存放，防止挥发性气体逸出而污染环境；贮存时间不能太长，贮存数量也不能太多，存放地有良好通风；含汞、铅、镉、砷、铜等重金属的废液必须经过处理达标后才能排放。对实验室内小量废液的处理参照以下方法。

(1) 含汞废弃物的处理

在实验室里若不小心将金属汞洒落（如打碎压力计、温度计或极谱分析操作不慎将汞洒落在实验台、地面上等）必须及时清除。用滴管、毛笔或用粗铜丝将洒落的汞收集于烧杯中，并用水覆盖。洒落在地面难以收集的微小汞珠应立即洒上硫磺粉，使其反应生成毒性较小的硫化汞，或喷上酸性高锰酸钾溶液（每升高锰酸钾溶液中加5mL浓盐酸），过1到2小时后再清除，或喷上20%三氯化铁水溶液，待干后再清除干净。

如果室内的汞蒸气浓度超过0.01mg/m^3，将碘加热或自然升华，碘蒸气与空气中的汞生成不易挥发的碘化汞，然后彻底清扫干净。实验中产生的含汞废气可导入高锰酸钾吸收液内，经吸收后排出。

（2）含铅、镉废液的处理

镉在pH值高的溶液中能沉淀下来，对含铅废液的处理通常采用混凝沉淀法、中和沉淀法。因此可用碱或石灰乳将废液pH值调至9，使废液中的Pb^{2+}、Cd^{2+}生成$Pb(OH)_2$和$Cd(OH)_2$沉淀，加入$FeSO_4$作为共沉淀剂，沉淀物可与其他无机物混合进行烧结处理，清液可排放。

（3）含铬废液的处理

采用还原剂（如铁粉、锌粉、亚硫酸钠、硫酸亚铁、二氧化硫或水合肼等），在酸性条件下将Cr^{6+}还原为Cr^{3+}，然后加入碱（如氢氧化钠、氢氧化钙、碳酸钠、石灰等），调节废液pH值，生成低毒的$Cr(OH)_3$沉淀，分离沉淀，清液可排放。沉淀经脱水干燥后或综合利用，或用焙烧法处理，使其与煤渣和煤粉一起焙烧，处理后的铬渣可填埋。一般认为，将废水中的铬离子形成铁氧体（使铬镶嵌在铁氧体中），则不会有二次污染。

（4）含铜废液的处理

酸性含铜废液常见为$CuSO_4$废液和$CuCl_2$废液，一般可采用硫化物沉淀法进行处理（pH值调节约为6），也可用铁屑还原法回收铜。碱性含铜废液，如含铜铵腐蚀废液等，其浓度较低且含有杂质，可采用硫酸亚铁还原法处理。

3. 废渣的处理

有毒废渣应深埋在指定地点（远离水源，场地底土不透水，不能渗入地下水层），有回收价值的废渣应回收利用。

第三节　化学实验所用的水和试剂

1. 实验室常见水的种类

（1）蒸馏水

蒸馏水能去除自来水内大部分的污染物，但挥发性的杂质无法去除，如二氧化碳、氨、二氧化硅以及一些有机物。可用来洗涤要求较低的仪器和配制一般实验用的溶液。对于要求较高的实验，将蒸馏水在硬质玻璃中进行二次蒸馏，加入某些试剂抑制某些杂质挥发，或者除去某些杂质，只收集中间蒸馏出部分。

（2）去离子水

用离子交换树脂去除水中的阴离子和阳离子。这种方法的优点是：成本低，树脂可再生后反复使用，制备水量大，去离子能力强。

（3）反渗水

水分子在压力的作用下，水中的杂质被反渗透膜截留排出，通过反渗透膜成为纯水。利用反渗透技术可以有效地去除水中的溶解盐、胶体、细菌、病毒、细菌内毒素和大部分有机物等杂质。

2. 化学试剂的分类

试剂分类的方法较多。如按状态可分为固体试剂、液体试剂；按用途可分为通用试剂、专用试剂；按类别可分为无机试剂、有机试剂；按性能可分为危险试剂、非危险试剂等。

从试剂的贮存和使用角度常按类别和性能两种方法对试剂进行分类。

（1）无机试剂和有机试剂

这种分类方法与化学的物质分类一致，既便于识别、记忆，又便于贮存、取用。无机试剂按单质、氧化物、碱、酸、盐分出大类后，再考虑性质进行分类。有机试剂则按烃类、烃的衍生物、糖类蛋白质、高分子化合物、指示剂等进行分类。

（2）危险试剂和非危险试剂

这种分类既注意到实用性，更考虑到试剂的特征性质。因此，既便于安全存放，也便于实验工作者在使用时遵守安全操作规则。

① 危险试剂

根据危险试剂的性质和贮存要求又分为：

a. 易燃试剂：这类试剂指在空气中能够自燃或遇其他物质容易引起燃烧的化学物质。由于存在状态或引起燃烧的原因不同，常可分为：易自燃试剂，如红磷等；遇水燃烧试剂，如钾、钠、碳化钙等；易燃液体试剂，如苯、汽油、乙醚等；易燃固体试剂，如硫、红磷、铝粉等。

b. 易爆试剂：受外力作用发生剧烈化学反应引起燃烧爆炸，同时能放出大量气体的化学物质，如氯酸钾等。

c. 毒害性试剂：对人以及环境有强烈毒害性的化学物质，如溴、甲醇、汞、三氧化二砷等。

d. 氧化性试剂：能起氧化作用而自身被还原的物质，如过氧化钠、高锰酸钾、重铬酸铵、硝酸铵等。

e. 腐蚀性试剂：具有强烈腐蚀性，腐蚀人体和其他物品发生破坏现象，甚至引起燃烧、爆炸或伤亡的化学物质，如强酸、强碱、无水氯化铝、甲醛、苯酚、过氧化氢等。

② 非危险试剂

根据非危险试剂的性质与储存要求可分为：

a. 遇光易变质的试剂：试剂受紫外光线的影响，本身分解变质，或与空气中的成分发生化学反应的试剂如硫酸铵、硫酸亚铁等。

b. 遇热易变质的试剂：在常温或高温条件下生物制品及不稳定的试剂可发生分解、发霉、发酵现象。如硝酸铵、碳铵、琼脂等。

c. 易冻结试剂：试剂的熔点或凝固点都在气温变化以内，当气温高于其熔点，或下降到凝固点以下时，则试剂由于熔化或凝固而发生体积的膨胀或收缩，易造成试剂瓶的炸裂。如冰醋酸、晶体硫酸钠、晶体碘酸钠、溴的水溶液等。

d. 易风化试剂：含有一定比例的结晶水，通常为晶体的试剂。常温时在干燥的空气中（一般相对湿度在70%以下）可逐渐失去部分或全部结晶水而有的变成粉末。如结晶碳酸钠、结晶硫酸铝、结晶硫酸镁、胆矾、明矾等。

e. 易潮解试剂：易吸收空气中的潮气（水分）产生潮解、变质，外形改变，含量降低甚至发生霉变等的试剂。如氯化铁、无水乙酸钠、甲基橙、琼脂、还原铁粉、铝、银粉等。

3. 化学试剂的等级标准

化学试剂按含杂质的多少分为不同的级别，以适应不同的需要。同种试剂多种不同级别用不同颜色的标签印制。我国目前试剂的规格一般分为5个级别，级别序号越小，试剂纯度越高。

一级纯：用于精密化学分析和科研工作，又叫保证试剂。符号为G·R，标签为绿色。

二级纯：用于分析实验和研究工作，又叫分析纯试剂。符号为A·R，标签为红色。

三级纯：用于化学实验，又叫化学纯试剂。符号为G·P，标签为蓝色。

四级纯：用于一般化学实验，又叫实验试剂。符号为L·R，标签黄色。

工业纯：工业产品，也可用于一般的化学实验。符号T·P。

第四节　实验报告相关知识

一、实验数据的读取与可疑数据的取舍

1. 有效数字及其运算规则

（1）有效数字

有效数字是实际能够测量到的数字。物理量的测量中到底应保留几位有效数字，要根据测量仪器的精度和观察的准确度来决定。常用仪器的测量精度如表1.1。

表1.1　常用仪器的测量精度

	台秤	分析天平	量筒	移液管	容量瓶	滴定管	温度计	气压表
精度	±0.1g	±0.0001g	±0.1mL	±0.01mL	±0.01mL	±0.01mL	±0.1℃	±0.1kPa
示例	10.1g	2.3456g	18.7mL	10.00mL	100.00mL	25.00mL	29.8℃	101.3kPa
有效数字	3	5	3	4	5	4	3	4

数字“0”在数字后面时是有效数字，若数字“0”在数字前面则只起定位作用，不能算作为有效数字。还有的数字，看似应为有效数字，实际是用来定位的，如pH＝12.58±0.58中，实际是$[H^+]=10^{-12}$是用来定位的，在对数运算中它就不是有效数字。

（2）有效数字的运算方法

在进行数字的运算之前，先确定应保留的有效数字位数，并对数字位数进行舍弃，舍弃的原则采用国家标准（四舍六入五留双的原则），即末位小于4舍弃，末位大于6进位，末位等于5时，若进位后为偶数则进位，若进位后为奇数时则舍弃。另外不采取递阶进位的办法对数字进行处理。如12.54568，若要求保留3位，则应为12.5，而不是12.6。

加减运算应以各加减数小数点后位数最少的数字（绝对误差最大）为准，先进行舍弃后再相加减。如：28.3＋0.18＋6.58＝28.3＋0.2＋6.6＝35.1。

乘除运算应以各乘除数有效数字位数最少的数字（相对误差最大）为准，自然数和某些常数不参与拟保留有效数字位数的确定，先进行舍弃后再相乘除。如下例中3为自然数，其余数字为测量值，则计算时

0.121×25.64×1.05782/3=1.09394102693333333333（错）

0.121×25.64×1.05782/3=0.121×25.6×1.06/3.00=1.09（对）

对数运算中，所取对数位数应与真数的有效数字位数相同，与首数无关，因为首数是用来定位的，不是有效数字。如：10×lg1.35=5.13

又如　　lg15.36=1.1864（是四位有效数字）

不能记为　lg15.36=1.186 或 lg15.36=1.18639

2. 误差与数据处理

（1）数据整理

把实验数据加以整理，剔除与其他测定结果相差甚远的那些数据，对于一些精密度似乎不高的可疑数据，则要通过一定的方法决定取舍，然后计算数据的平均值、各数据对平均值的偏差、平均偏差与标准偏差，最后按照要求的置信度求出平均值的置信区间。

（2）置信度与平均值的置信区间

计算平均值和平均值的标准偏差，以 $\pm s$（s 表示平均值的标准偏差）的形式表示分析结果，从而推算出所要测定的真值所处的范围，这个范围就称为平均值的置信区间，真值落在这个范围内的概率称为置信度。通常化学分析中要求置信度 95%。测定次数越多，置信区间的范围越窄，即测定平均值与总体平均值（真值）越接近，但是测定结果超过 20 次以上置信度的概率系数变化不大，再增加测定次数对提高测定结果的准确度已经没有什么意义了，所以只有在一定的测试次数范围内，分析数据的可靠性才随平行测定次数的增加而增加。

（3）实验结果可疑数据的取舍方法对比

可疑数据的取舍是对过失误差的判断，常用方法有 Q 检验法、格鲁布斯检验法确定检测结果的真实性。

3. Q 检验法基本要求

Q 检验法是一种简便易行、比较常用的方法。当测定次数 $n=3\sim10$ 次时，根据所要求的置信度可以按下列步骤检验可疑数据取舍：

① 将数据按递增的顺序排列；

② 求出最大与最小数据之差；

③ 求出可疑数据与其最邻近数据之间的差；

④ 求出 $Q_{计}=|x_{可疑}-x_{邻近}|/(x_{max}\ \ x_{min})$

⑤ 根据测定次数 n 和要求的置信度（如 95%），查表 1.2 得出 $Q_{0.95}$。

⑥ 将 $Q_{计}$ 与 $Q_{0.95}$ 相比，若 $Q\geqslant Q_{0.95}$，则弃可疑值，否则应予保留。

表 1.2　Q 值

测定次数 n	3	4	5	6	7	8	9	10
$Q_{0.90}$	0.94	0.76	0.64	0.56	0.51	0.47	0.44	0.41
$Q_{0.95}$	1.53	1.05	0.86	0.76	0.69	0.64	0.60	0.58

此法虽有其统计正确性，简单可靠，但是当测量次数少时（3～5 次），测量结果只能舍去差别很大的一个数值，因此仍有可能保留一些错误数据。可以如下处理：

① 检查该极值有无某些误差，有则舍去。

② 如未发现误差原因，用 Q 检验法决定该极值是否舍去。

③ 如 Q 检验法不允许舍去，应将极值保留；若是测得值与表中 Q 值相近，且对极值仍存疑时，可用中位数代替平均值，减少误差的影响。

用 Q 检验法决定取舍时，在三个以上的数据中，先检验最小值，然后再检验最大值。

例 1. 对某铅锌矿的含锌量进行七次测定，结果（%）为：1.80、2.11、2.13、2.14、2.16、2.18、2.32，试以 Q 检验法决定极端值的取舍（置信度 95%）。

解： 在以上的数据中，先检验最小值，然后再检验最大值。7 次测定数据中，其中 1.80 和 2.32 与其他 5 个数据相差较大，要分别进行检验。

先检验最小值 1.80，$Q_{计}=0.60$，查 n 值表得，$n=7$，Q（0.69），$Q_{计}$（0.60），故 1.80 应保留。

再检验最大值 2.32，$Q_{计}=0.60$，查 n 值表得，$n=7$，Q（0.59），$Q_{计}$（0.27），故 2.32 应保留。

例 2. 某溶液浓度经 4 次测定，其结果为（mol/L）：0.1014、0.1012、0.1025、0.1016。

解： 根据 Q 法检验法：数据由小到大：0.1012、0.1014、0.1016、0.1025。

$$Q=(0.1025-0.1016)/(0.1025-0.1012)=0.70<0.76$$

因此 0.1025 应保留。可用的这 4 个结果的平均值 0.1017mol/L 写进报告结果。但是由于计算值与表中 Q 值很接近，可用中位数。

$$中位数=(0.1016+0.1014)/2=0.1015$$

在实验中对确实有差错的数值可以直接舍去。对没有根据说明某些过高或者过低的数据有什么差错时，必须按一定方法来取舍。

4. 误差种类、起因和特点

（1）系统误差

系统误差是由于某些固定的原因在分析过程中所造成的误差。系统误差具有单向性和重现性，即它对分析结果的影响比较固定，使测定结果系统地偏高或系统地偏低；当重复测定时，它会重复出现。系统误差产生的原因是固定的，它的大小、正负是可测的，理论上讲，只要找到原因，就可以消除系统误差对测定结果的影响。因此，系统误差又称可测误差。

根据系统误差产生的原因，可将其分为：

① 方法误差　是由于分析方法本身所造成的误差。例如，滴定分析中指示剂的变色点与化学计量点不完全一致；重量分析中沉淀的溶解损失等。

② 仪器误差　由于仪器本身不够精确而造成的误差。例如，天平砝码、容量器皿刻度不准确等。

③ 试剂误差　由于实验时所使用的试剂或蒸馏水不纯而造成的误差。如试剂或蒸馏水中含有微量被测物质或干扰物质。

④ 操作误差　操作误差（个人误差）是由于实验人员的所掌握的实验操作与正确的实验操作的差别或实验人员的主观原因所造成的误差。如重量分析对沉淀的洗涤次数过多或不够；个人对颜色的敏感程度不同，在辨别滴定终点的颜色时，有人偏深，有人偏浅；读取滴定管读数时个人习惯性地偏高或偏低等。

（2）随机误差

随机误差又称偶然误差，它是由某些随机（偶然）的原因所造成的。例如，测量时环境温度、气压、湿度、空气中尘埃等的微小波动；个人一时辨别的差异而使读数不一致。如在滴定管读数时，估计到小数点后第二位的数值，几次读数不一致。随机误差的产生是由于一些不确定的偶然原因，因此，其数值的大小、正负都是不确定的，所以随机误差又称不可测误差。随机误差在分析测定过程中是客观存在，不可避免的。

实验中，系统误差与随机误差往往同时存在，并无绝对的界限。在判断误差类型时，应从误差的本质和具体表现上入手加以甄别。

5. 误差的表示法

分析结果的准确度是指分析结果与真实值的接近程度，分析结果与真实值之间差别越小，则分析结果的准确度越高。准确度的大小用误差来衡量，误差是指测定结果与真值之间的差值。误差又可分为绝对误差和相对误差。绝对误差（E）表示测定值（x）与真实值（x_T）之差，即 $E=x-x_T$

相对误差（E_r）表示误差在真实值中所占的比例。例如，分析天平称量两物体的质量分别为 x_1g 和 x_2g，假设两物体的真实值各为 m g 和 n g，则

两者的绝对误差分别为：$E_1=(x_1-m)$ g　$E_2=(x_2-n)$ g

两者的相对误差分别为：$E_{r1}=(x_1-m)/m\ \%$　$E_{r2}=(x_2-n)/n\ \%$

绝对误差相等，相对误差并不一定相等。在上例中，同样的绝对误差，称量物体越重，其相对误差越小。因此，用相对误差来表示测定结果的准确度更为确切。

绝对误差和相对误差都有正负值。正值表示分析结果偏高，负值表示分析结果偏低。

二、 实验预习、实验记录和实验报告

1. 实验预习

实验课前应认真预习，明确实验目的和要求、实验原理、实验操作方法和步骤，查阅必要的文献。在预习的基础上写出预习报告，内容包括：实验名称，实验目的和原理，实验内容及步骤（对于制备实验和常数测定实验，写出实验步骤，设计好数据记录表格；对于元素性质实验，设计好实验内容、现象、反应方程式、注释、备注），回答预习思考题，对实验的课后问题涉及的内容进行思考，提出初步的想法。

2. 实验记录

① 实验记录是科学实验工作的原始资料，应直接写在实验记录本上，严禁用零散纸片记录。记录应做到条理分明、文字简练、字迹清楚，不得涂改、擦抹，写错之处可以划去重写。从实验课开始应养成认真写好实验记录的良好习惯。

② 实验中观察要仔细，记录应如实、客观、详细、准确。记录内容包括试剂名称、规格、用量，实验方法和具体条件（温度、时间、仪器名称型号、电流、电压等），操作关键及注意事项，现象（正常的和异常的）、数据和结果等。

③ 记录的形式可根据实验内容和要求，在预习时事先设计好表格或流程图，实验中边观察边填写，应做到条理分明、整洁清楚，便于整理总结。

④ 实验中如发生错误或对实验结果有怀疑，应如实说明，必要时应重做，不将不可靠的结果当作正确结果，应培养一丝不苟和严谨的科学作风。

3. 实验报告

实验结束后，应根据实验结果和记录，及时整理总结，写出实验报告。下面列举的实验

报告格式可供参考。

实验（编号）实验名称

一、实验目的和要求

二、实验原理

三、实验步骤

四、实验数据与分析

五、实验结果与讨论

实验报告要注意，目的要求、原理、步骤等项目可简单扼要叙述，但实验条件、操作关键应根据实际情况书写清楚。实验结果应根据实验要求，将数据整理归纳、分析对比、计算，并尽量总结成图表，如标准曲线图、实验组和对照组的结果比较表等。针对结果进行必要的说明、分析，并做出结论。讨论部分可以包括对实验方法、结果、现象、误差等进行探讨、评论和分析，对实验设计的认识、体会和建议，对实验课的改进意见等。

第二章

仪器的使用基本实验操作

第一节　药品的取用

实验室中一般只贮存固体试剂和液体试剂，气体物质都是用时临时制备。在取用和使用任何化学试剂时，要做到“三不”，即不用手拿、不直接闻气味、不尝味道。此外还应注意试剂瓶塞或瓶盖打开后要倒放桌上，取用试剂后立即还原塞紧，否则会污染试剂，使之变质而不能使用，甚至可能引起意外事故。

1. 固体试剂的取用

一般用药匙取用粉末状试剂或粒状试剂。用量较多且容器口径大的，可选大号药匙；用量较少或容器口径又小的，可选用小号药匙，并尽量送入容器底部，特别是粉状试剂容易散落，或沾在容器口和壁上。可将其倒在折成的槽形纸条上，再将容器平置，使纸槽沿器壁伸入底部、竖起容器并轻抖纸槽，试剂便落入器底。块状固体用镊子，送入容器时，先使容器倾斜，使之沿器壁慢慢滑入器底。

若实验中无规定剂量时，所取试剂量以刚能盖满试管底部为宜。取多了的试剂不能放回原瓶，也不能丢弃，应放在指定容器中供他人或下次使用。

取用试剂的镊子或药匙务必擦拭干净，不能一匙多用，用后也应擦拭干净，不留残物。

2. 液体试剂的取用

常使用胶头滴管吸取少量液体试剂。用量较多时则采用倾泻法。从细口瓶中将液体倾入容器时，把试剂瓶上贴有标签的一面握在手心，另一手将容器斜持，并使瓶口与容器口相接触，逐渐倾斜试剂瓶，倒出试剂。试剂应该沿着容器壁流入容器，或沿着洁净的玻璃棒将液体试剂引流入细口或平底容器内。取出所需量后，逐渐竖起试剂瓶，把瓶口剩余的液滴碰入容器中去，以免液滴沿着试剂瓶外壁流下。

若实验中无规定剂量时，一般取用 1～2mL。定量使用时，则可根据要求选用量筒、滴定管或移液管。取多的试剂也不能倒回原瓶，更不能随意废弃。应倒入指定容器内供他人使用。

若取用有毒试剂，必须严格遵照规则取用。

第二节　仪器的使用及操作

一、玻璃量器的使用

当要求得到最高准确度时，应尽可能按校准时的条件来操作，并要求用分度误差的校准值。使用前量器应清洗干净，如果校准时发现示值容量有偏差时，应做适当修正。

1. 量筒的使用

量筒经清洗和干燥后，待注入的量比所需要的量稍少时，把量筒放平，改用胶头管滴加到所需要的量。

2. 容量瓶的使用

容量瓶主要用于准确地配制一定摩尔浓度的溶液。它是一种细长颈、梨形的平底玻璃瓶，配有磨口塞。瓶颈上刻有标线，当瓶内液体在所指定温度下达到标线处时，其体积即为瓶上所注明的容积数。一种规格的容量瓶只能量取一个量。常用的容量瓶有 100mL、250mL、500mL、1000mL 等多种规格。

使用容量瓶配制溶液的方法如图 2.1。

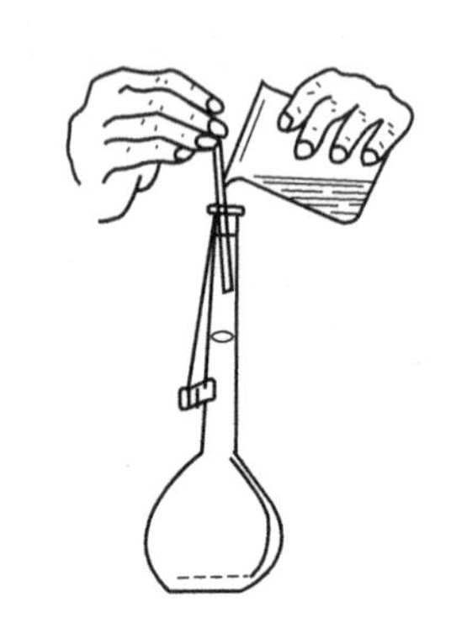
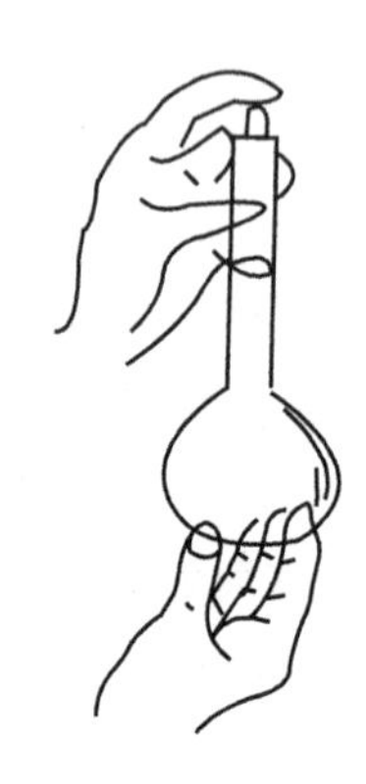

图 2.1　容量瓶的使用

① 检漏　使用前检查瓶塞处是否漏水。具体操作方法是：在容量瓶内装入半瓶水，塞紧瓶塞，用右手食指顶住瓶塞，另一只手五指托住容量瓶底，将其倒立（瓶口朝下），观察容量瓶是否漏水。若不漏水，将瓶正立且将瓶塞旋转 180°后，再次倒立，检查是否漏水，若两次操作，容量瓶瓶塞周围皆无水漏出，即表明容量瓶不漏水。经检查不漏水的容量瓶才能使用。

② 洗涤　容量瓶使用前都要洗涤。先用洗液洗，再用自来水冲洗，最后用蒸馏水洗涤干净（直至内壁不挂水珠为洗涤干净）。

③ 固体物质的溶解　把准确称量好的固体溶质放在干净的烧杯中，用少量溶剂溶解（如果放热，要放置使其降温到室温）。然后把溶液转移到容量瓶里，转移时要用玻璃棒引流。将玻璃棒一端靠在容量瓶颈内壁上，注意不要让玻璃棒其他部位触及容量瓶口，防止液体流到容量瓶外壁上。

④ 淋洗　为保证溶质能全部转移到容量瓶中，要用溶剂少量多次洗涤烧杯，并把洗涤溶液全部转移到容量瓶里。转移时要用玻璃棒引流。

⑤ 定容　继续向容量瓶内加入溶剂直到液体液面离标线大约 1cm 左右时，应改用滴管逐滴滴加，最后使液体的弯月面与标线正好相切。若加水超过刻度线，则需重新配制。

⑥ 摇匀　盖紧瓶塞，用倒转和摇动的方法使瓶内的液体混合均匀。静置后如果发现液面低于刻度线，这是因为容量瓶内极少量溶液在瓶颈处润湿所损耗，所以并不影响所配制溶液的浓度，故不要在瓶内添水，否则，将使所配制的溶液浓度降低。

使用容量瓶时应注意以下几点：

① 一种型号的容量瓶只能配制同一体积的溶液，因为容量瓶的容积是特定的，刻度不连续。在配制溶液前，根据需要配制的溶液的体积，选用相同规格的容量瓶。

② 固体物质不能在容量瓶里进行溶质的溶解，应将溶质在烧杯中溶解后转移到容量瓶里。

③ 用于洗涤烧杯的溶剂总量不能超过容量瓶的标线。

④ 容量瓶不能进行加热。如果溶质在溶解过程中放热，要待溶液冷却后再进行转移，因为一般的容量瓶是在20℃的温度下标定的，若将温度较高或较低的溶液注入容量瓶，容量瓶则会热胀冷缩，所量体积就会不准确，导致所配制的溶液浓度不准确。

⑤ 容量瓶只能用于配制溶液，不能储存溶液，因为溶液可能会对瓶体进行腐蚀，从而使容量瓶的精度受到影响。

⑥ 容量瓶用毕应及时洗涤干净，塞上瓶塞，并在塞子与瓶口之间夹一条纸条，防止瓶塞与瓶口粘连。

3. 移液管的使用

要求准确移取一定体积的液体时，用不同容量的移液管或者吸量管。移液管中间有个膨大部分，球部以上有一标线；吸量管是带有刻度的玻璃管。常用移液管有5mL、10mL、25mL、50mL等，最常用的是25mL移液管。吸量管有1mL、2mL、5mL、10mL等。取固定体积液体时，应用相应的移液管。非固定体积时则用吸量管。

移液管依次用洗液、自来水、去离子水清洗至移液管内壁不挂水珠。用蒸馏水清洗之后，再用待移取液体润洗3次以上，以免溶液被残留在内壁的去离子水稀释。

(1) 移液管的洗涤方法

① 以铬酸洗液洗涤

如果移液管内没有明显的挂壁现象，把移液管下口插入铬酸液中，用洗耳球吸入少量洗液至球部，用食指按紧上口，小心将移液管横置，另一只手捏住移液管下端，松开食指，转动移液管，使洗液与移液管内表面充分接触，并稍作停留。小心将洗液从移液管下口放回洗液瓶，用洗耳球将洗液吹尽。

如果移液管有挂壁或者污渍，则用浸洗的方法。用洗耳球吸取洗液至标线2～3cm，用食指按住管口，将一个滴管用的胶头帽套在移液管上口，将移液管竖立在洗液瓶中，静置5～10分钟后，把洗液放回瓶中。

② 依次用自来水、去离子水洗涤

全部用润洗的方法，注意第1～2次用自来水润洗的废液应倒入指定回收瓶。

(2) 移液管的使用方法

如图2.2，把移液管的尖端伸入要移取的液体中，不要接触容器底，一手拇指和中指拿住管颈线上的地方，另一手拿洗耳球，将其排尽空气后，尖端紧扣在移液管上口，缓慢松开洗耳球，借吸力使液面慢慢上升，同时移液管尖端随液面下降而下移，直至液面至标线以上，拿走洗耳球同时以食指按住管口，用滤纸擦拭干净移液管下口外壁的溶液，将移液管下口靠着容器内壁保持竖直，容器倾斜30°，用拇指、中指轻轻转动移液管使溶液

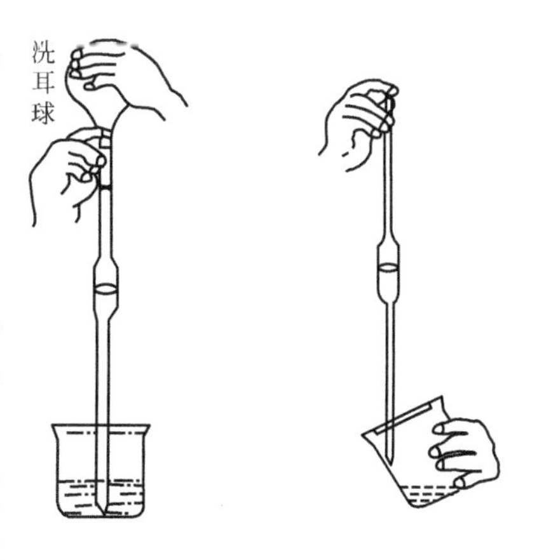

图2.2 移液管的使用

液面缓缓下降，至溶液凹液面与标线相切，取出移液管。

将移液管下口靠着接收容器内壁保持竖直，容器倾斜 30°，松开食指，让溶液流入容器内。移液管与接收容器脱离之前，应遵守规定的等待时间。通常等待时间规定 15s，或者凹液面达到下口并趋于静止，移液管即可拿出。留在下口的余液不得排出，而“吹出”式吸量管则应吹出其最后余液作为量出容量的一部分。与滴定管一样，非常黏稠的液体不能方便和准确地吸取。通常用于容量分析的稀释水溶液是适用的，而且无明显误差。

4. 滴定管的使用

滴定管分为酸式滴定管和碱式滴定管。前者用于量取对橡皮有侵蚀作用的液态试剂；后者用于量取对玻璃管有侵蚀作用的液体。滴定管容量一般为 50mL，刻度的每一大格为 1mL，每一大格又分为 10 小格，故每一小格为 0.1mL，精确度是百分之一，即可精确到 0.01mL。滴定管一端具有活塞开关，其上具有刻度指示量度，一般在上部的刻度读数较小，靠底部的读数较大。开启活塞，液体即自管内滴出。

使用前，先取下活塞，洗净后用滤纸将水吸干或吹干，然后在活塞的两头涂一层很薄的凡士林油（切勿堵住塞孔），如图 2.3。装上活塞并转动，使活塞与塞槽接触处呈透明状态，最后装水试验是否漏液。碱式滴定管的下端用橡皮管连接一支带有尖嘴的小玻璃管。橡皮管内装有一个玻璃圆球。用左手拇指和食指轻轻地往一边挤压玻璃球外面的橡皮管，使管内形成一缝隙，液体即从滴管滴出。挤压时，手要放在玻璃球的稍上部。如果放在球的下部，则松手后，会在尖端玻璃管中出现气泡，滴定管排气操作如图 2.4。

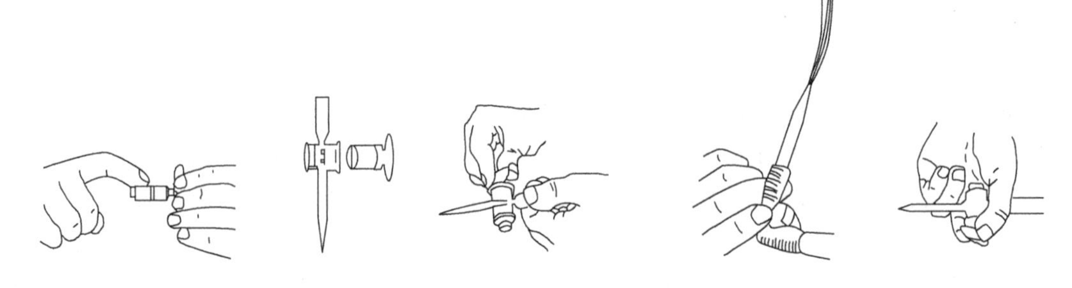

图 2.3　活塞抹凡士林操作　　　　图 2.4　滴定管排气

检查不漏水后，用洗液、自来水、去离子水清洗至滴定管内壁不挂壁。用洗液洗涤时用沉浸的方法。酸式滴定管关闭活塞；碱式滴定管将玻璃球推至滴定管下口，往滴定管中加入铬酸洗液至“0”刻度线上 1～2cm，关闭滴定夹，下方放一洗液瓶或者小烧杯，静置 10 分钟，将洗液从上口倒回瓶中。再将滴定管用大量的自来水、去离子水各润洗 3 遍。注意第一次润洗后的自来水倒入洗瓶中。

滴定时，加入的液体量不必正好落于刻度线上，只要能正确地读取溶液的量即可。一般从 0 刻度线或者接近 0 刻度线开始，减小误差。实验时将滴定前管内液体的量 V_0 减去滴定后管内液体的存量 V_1 即为滴定溶液的用量。底部的开关可有效地控制滴定液的流速，使滴定完全时，可适时地停止滴定液流入其下的锥形瓶中。读数时，视线与凹液面最低点相切，俯视或者仰视都会产生误差。

图 2.5 为滴定操作示意图。使用酸式滴定管时，使用左手拇指、食指、中指控制活塞，旋转活塞同时注意向里用力，防止溶液漏出，并学会控制溶液流速。使用碱式滴定管用左手拇指和食指捏住橡皮管内玻璃球上部，控制液体流速。滴定时，将滴定管垂直夹在滴定管夹

上，下端深入到锥形瓶 1cm，左手按上述方法操作滴定管，右手拇指、食指、中指拿住锥形瓶颈部，沿顺时针或者逆时针旋转，不要前后振动。滴定开始时速度可以快点，到指示剂颜色变化较慢时，应逐滴加入，每滴入一滴，就摇匀，至滴定终点，指示剂颜色 30s 不褪色。读取初读数前，若滴定管尖悬挂液滴时，应该用锥形瓶内壁将液滴沾去。在读取终读数前，如果出口管尖悬有溶液，此次读数不能取用。

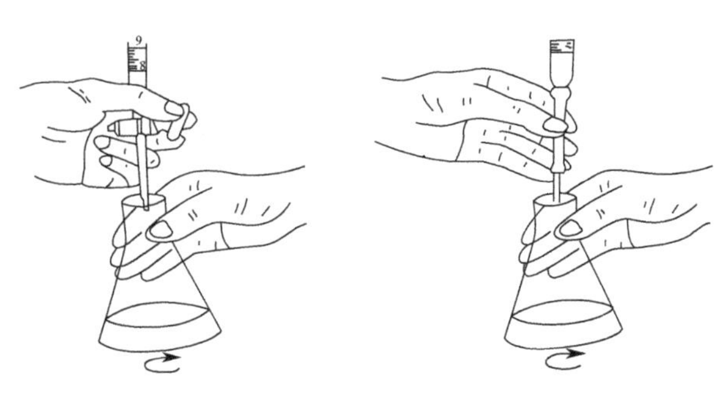

图 2.5　滴定操作

二、称量

1. 称量方法

（1）指定质量称量法（固定质量称量法）

在分析化学实验中，当直接配制指定浓度的标准溶液时，常用指定质量称量法来称取基准物。此法只能用来称取不易吸湿的，且不与空气中各种组分发生作用的、性质稳定的粉末状物质，不适用于块状物质的称量。

（2）递减（差减）称量法

称取样品的量是由两次称量（如图 2.6）之差而求得的。这样称量的结果准确，但不便称取指定质量。操作方法如下：将适量试样装入称量瓶中，盖上瓶盖。用清洁的纸条叠成纸带环套在称量瓶上，左手拿住纸带尾部（不要直接拿称量瓶），把称量瓶放到天平左盘的正中位置，取出纸带，选用适当的砝码放在右盘上使之平衡，称出称量瓶加试样的准确质量为 W_1g，记下砝码的数值；左手仍用原纸带将称量瓶从天平盘上取下，拿到接受器的上方，右手用纸片包住瓶盖柄，打开瓶盖，但瓶盖也不离开接受器上方，将瓶身慢慢倾斜，用瓶盖轻轻敲瓶口上部，使试样慢慢落入容器中。当倾出的试样接近所需要的质量时，一边继续用瓶盖敲瓶口，一边逐渐将瓶身竖直，使沾在瓶口的试样落入接受器或落回称量瓶中。然后盖好瓶盖，把称量瓶放回天平左盘，取出纸带，关好左边门准确称其质量为 W_2g。两次质量之差，就是试样的质量。

图 2.6　递减法称量

操作时应注意：

① 若倒入试样量不够，可重复上述操作；如倒入试样大大超过所需要数量，则只能弃去重做。

② 盛有试样的称量瓶除放在秤盘上或用纸带拿在手中外，不得放在其他地方，以免污染。

③ 套上或取出纸带时，不要碰着称量瓶口，纸带应放在清洁的地方。

④ 以免沾到瓶盖上或丢失，沾在瓶口上的试样尽量处理干净。

⑤ 要在接受容器的上方打开瓶盖或盖上瓶盖，以免可能沾附在瓶盖上的试样失落他处。递减称量法用于称取易吸水、易氧化或易与 CO_2 反应的物质。此称量法比较简便，在分析化学实验中常用来称取待测样品和基准物，是最常用的一种称量法。

(3) 直接称量法（加法称量）

对某些在空气中没有吸湿性的试样或试剂，如金属、合金等，可以用直接称量法称样。用药匙取试样放在已知质量的清洁而干燥的表面皿或称量纸上一次称取一定量的试样，然后将试样全部转移到接受容器中。

2. 托盘天平

托盘天平（图 2.7）的构造：由底座、托盘架、托盘、指针、分度盘、标尺、游码、平衡螺母构成。

图 2.7　托盘天平

托盘天平的使用方法：

① 把天平放在桌面上，将托盘擦干净，按编号置于相应的托盘架上，称量前把游码拨到标尺的最左端零位，调节调平螺丝，使指针在停止摆动时正好对准刻度盘的中央红线。

② 天平调平后，将待称量的物体放在左盘中（放称量用纸或玻璃器皿），在右盘中用不锈钢镊子由大到小加放砝码，当增减到最小质量砝码仍不平衡时，可移动游码使之平衡，所称的物体的质量等于砝码的质量与游码刻度所指的质量之和。

③ 天平应放在干燥清洁的地方，称重物体不能超过天平最大量程。称量时取砝码要用镊子，不能用手直接拿。长期不用的天平要在盘架下面加上物体固定。

3. 分析天平

主要部件如图 2.8。

① 横梁：横梁是天平的主要部件之一，梁上左、中、右各装有一个玛瑙刀口和玛瑙平板。装在梁中央的玛瑙刀刀口向下，支撑于玛瑙平板上，用于支撑天平梁，又称支点刀。装在梁两边的玛瑙刀刀口向上，与吊耳上的玛瑙平板相接触，用来悬挂托盘。

玛瑙刀口是天平很重要的部件，刀口的好坏直接影响到称量的精确程度。玛瑙硬度大但脆性也大，易因碰撞而损坏，故使用时应特别注意保护玛瑙刀口。

② 指针：固定在天平梁的中央，指针随天平梁摆动而摆动，从光幕上可读出指针的位置。

③ 升降旋钮：是控制天平工作状态和休止状态的旋钮，位于天平正前方下部。

④ 光幕：通过光电系统使指针下端的标尺放大后，在光幕上可以清楚地读出标尺的刻度。标尺的刻度代表质量，每一大格代表 1mg，每一小格代表 0.1mg。

⑤ 天平盘和天平橱门：天平左右有两个托盘，左盘放称量物体，右盘放砝码。光电天平是比较精密的仪器，外界条件的变化如空气流动等容易影响天平的称量，为减少这些影

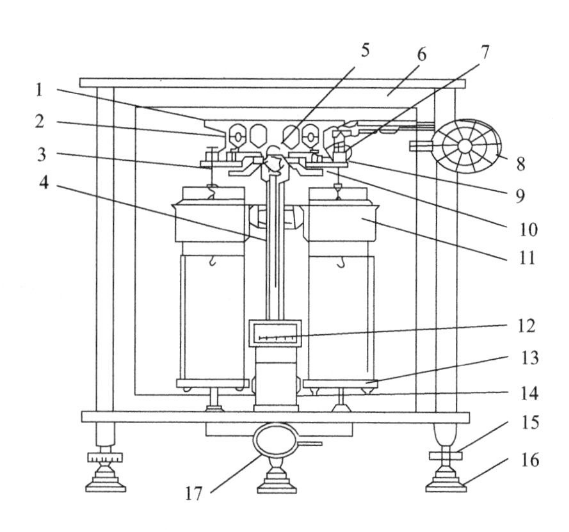

图 2.8 分析天平的结构

1—横梁；2—平衡砣；3—吊耳；4—指针；5—支点刀；6—框罩；7—圈码；8—指数盘；9—支力销；10—托翼；11—阻尼内筒；12—投影屏；13—秤盘；14—盘托；15—螺旋脚；16—垫脚；17—升降旋钮

响，称量时一定要把橱门关好。

⑥ 砝码与圈码：天平有砝码和圈码。砝码装在盒内，最大质量为 100g，最小质量为 1g。在 1g 以下的是用金属丝做成的圈码，安放在天平的右上角，加减的方法是用机械加码旋钮来控制，用它可以加 10～990mg 的质量。10mg 以下的质量可直接在光幕上读出。注意：全机械加码的电光天平其加码装置在右侧，所有加码操作均通过旋转加码转盘实现。

分析天平的称量步骤：

① 称前检查　使用天平前，应先检查天平是否水平；机械加码装置是否指示 0.00 位置；吊耳及圈码位置是否正确，圈码是否齐全、有无跳落、缠绕；两盘是否清洁，有无异物。

② 零点调节　接通电源，缓缓开启升降旋钮，当天平指针静止后，观察投影屏上的刻度线是否与缩微标尺上的 0.00mg 刻度相重合。如不重合，可调节升降旋钮下面的调屏拉杆，移动投影屏位置，使之重合，即调好零点。如已将调屏拉杆调到尽头仍不能重合，则需关闭天平，调节天平梁上的平衡螺丝（初学者应在老师的指导下进行）。

③ 称量　打开左侧橱门，把在台秤上粗称（为什么要粗称?）过的被称量物放在左盘中央，关闭左侧橱门；打开右侧橱门，在右盘上按粗称的质量加上砝码，关闭右侧橱门，再分别旋转圈码转盘外圈和内圈，加上粗称质量的圈码。缓慢开启天平升降旋钮，根据指针或缩微标尺偏转的方向，决定加减砝码或圈码。注意，如指向左偏转（缩微标尺会向右移动）表明砝码比物体重，应立即关闭升降旋钮，减少砝码或圈码后再称，反之则应增加砝码或圈码，反复调整直至开启升降旋钮后，投影屏上的刻度线与缩微标尺上的刻度线在 0.00 到 10.0mg 之间为止。

④ 读数　当缩微标尺稳定后即可读数，其中缩微标尺上一大格为 1mg，一小格为 0.1mg，若刻度线在两小格之间，则按四舍五入的原则取舍，不要估读。读取读数后应立即关闭升降旋钮，不能长时间让天平处于工作状态，以保护玛瑙刀口，保证天平的灵敏性和稳

定性。称量结果应立即如实记录在记录本上，不可记在手上、碎纸片上。

天平的读数方法：砝码＋圈码＋微分标尺，即小数点前读砝码，小数点后第一、二位读圈码（转盘前二位），小数点后第三、四位读微分标尺。

⑤ 复原　称量完毕，取出被称量物，砝码放回到砝码盒里，圈码指数盘恢复可离开。

4. 电子天平

电子天平（图 2.9）的结构：由秤盘、传感器、位置检测器、PID 调节器、功率放大器、低通滤波器、模数转换器、微计算机、显示器、机壳、底脚等部分组成。

图 2.9　电子天平

称量步骤：

① 称量前，观察水平仪，如水平仪水泡偏移，需调整水平调节脚，使水泡位于水平仪中心。接通电源，预热至规定时间后，开启显示器进行操作。轻按 ON 键，显示器全亮，约 2s 后，显示天平的型号，然后是称量模式 0.0000g。读数时应关上天平门。天平通常为“通常情况”模式，并具有断电记忆功能。使用时若改为其他模式，使用后一经按 OFF 键，天平即恢复“通常情况”模式。称量单位的设置等可按说明书进行操作。

② 校准　天平安装后，第一次使用前，应对天平进行校准。因存放时间较长、位置移动、环境变化或未获得精确测量，在使用前一般都应进行校准操作。天平采用外校准（有的电子天平具有内校准功能），由 TAR 键清零及 CAL 键、100 g 校准砝码完成。

③ 称量　按 TAR 键，显示为零后，置称量物于秤盘上，待数字稳定即显示器左下角的“0”标志消失后，即可读出称量物的质量值。

④ 去皮称量　按 TAR 键清零，置容器于秤盘上，天平显示容器质量，再按 TAR 键，显示零，即去除皮重。再置称量物于容器中，或将称量物（粉末状物或液体）逐步加入容器中直至达到所需质量，待显示器左下角“0”消失，这时显示的是称量物的净质量。将秤盘上的所有物品拿开后，天平显示负值，按 TAR 键，天平显示 0.0000 g。若称量过程中秤盘上的总质量超过最大载荷（FA1604 型电子天平为 160 g）时，天平仅显示上部线段，此时应立即减小载荷。

⑤ 称量结束后，若较短时间内还使用天平（或其他人还使用天平），一般不用按 OFF 键关闭显示器。实验全部结束后，关闭显示器，切断电源，若短时间内（例如 2 h 内）还使用天平，可不必切断电源，再用时可省去预热时间。

三、加热

1. 酒精灯

① 新购置的酒精灯应首先配置灯芯。灯芯通常是用多股棉纱线拧在一起，插进灯芯瓷套管中。灯芯不要太短，一般浸入酒精后还要长 4～5cm。

对于长时间未用的灯，在取下灯帽后，应提起灯芯瓷套管，用洗耳球或嘴轻轻地向灯内吹一下，以赶走其中聚集的酒精蒸气。再放下套管检查灯芯，若灯芯不齐或烧焦都应用剪刀修整为平头等长。

② 新灯或旧灯壶内酒精不少于其容积 1/4，以不超过灯壶容积的 2/3 为宜。（酒精量太少则灯壶中酒精蒸气过多，易引起爆燃；酒精量太多则受热膨胀，易使酒精溢出，发生事

故。）添加酒精时借助小漏斗，以免将酒精洒出。燃着的酒精灯，若需添加酒精，必须熄灭火焰。决不允许燃着时加酒精，否则，很易着火，造成事故。万一洒出的酒精在桌上燃烧起来，要立即用湿棉布铺盖灭。用完酒精灯，火焰必须用灯帽盖灭，不可用嘴吹灭，以免引起灯内酒精燃烧，发生危险。

③ 新灯加完酒精后须将新灯芯放入酒精中浸泡，而且移动灯芯套管使每端灯芯都浸透，然后调好其长度，才能点燃，因为未浸过酒精的灯芯，一经点燃就会烧焦。

④ 点燃酒精灯一定要用燃着的火柴，绝不能用一盏酒精灯去点燃另一盏酒精灯。否则易将酒精洒出，引起火灾。加热时若无特殊要求，一般用外焰来加热器具。被加热的器具必须放在支撑物（三脚架、铁环等）上或用坩埚钳、试管夹夹持，绝不允许手拿仪器加热。要用酒精灯的外焰加热，给玻璃仪器加热时应把仪器外壁擦干否则仪器炸裂，给试管中的药品加热，首先必须预热，然后再对着药品部位加热。加热时不能让试管接触灯芯，否则试管会炸裂。

⑤加热完毕或要添加酒精时需熄灭灯焰，可用灯帽将其盖灭，如果是玻璃灯帽，盖灭后需再重盖一次，放走酒精蒸气，让空气进入，免得冷却后盖内造成负压使盖打不开；如果是塑料灯帽，则不用盖两次，因为塑料灯帽的密封性不好。绝不允许用嘴吹灭。不用的酒精灯必须将灯帽罩上，以免酒精挥发。同时在灯帽与灯颈之间应夹小纸条，以防粘连。

2. 酒精喷灯

酒精喷灯是实验中常用的热源。喷灯的火力，主要靠酒精与空气、蒸汽混合后燃烧而获得高温火焰。主要用于需加强热的实验、玻璃加工等。酒精喷灯是金属制的，常用的有座式和挂式两种。座式喷灯的酒精灯存在灯座内，挂式喷灯的酒精贮存罐悬挂于高处。酒精喷灯的火焰温度在 800℃左右，最高可达 1000℃。

（1）酒精喷灯结构

常用的座式酒精喷灯，外形结构如图 2.10 所示，由灯管、空气调节器、引火碗、螺旋盖、贮酒精罐等部分构成。预热管与燃烧管焊在一起，中间有一细管相通，使蒸发的酒精蒸气从喷嘴喷出，在燃烧管燃烧。通过调节调整管，控制火焰的大小。每耗用酒精 200 毫升，可连续工作半小时左右。

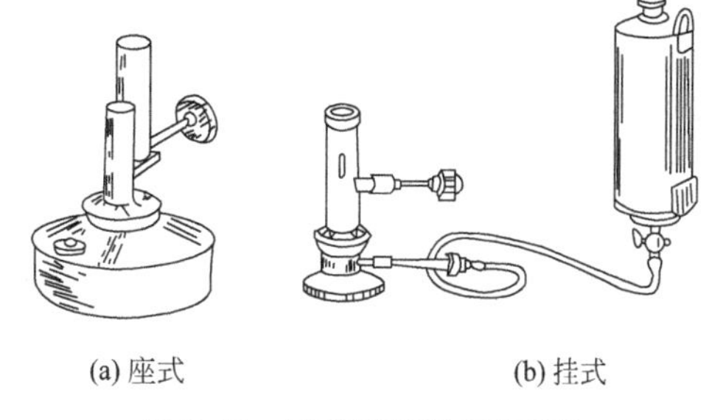

图 2.10 酒精喷灯类型和结构

（2）使用方法

① 旋开加注酒精的螺旋盖，通过漏斗把酒精倒入贮酒精罐。为了安全，酒精的量不可超过罐内容积的 80%（约 200 毫升），随即将盖旋紧，避免漏气，然后把灯身倾斜 70 度，使灯管内的灯芯沾湿，以免灯芯烧焦。每次使用酒精喷灯时，首先用捅针捅一下酒精蒸气出口，以保证出气口畅通。使用前，先在引火碗内注 2/3 容量的酒精，然后点燃引火碗内的酒精，以加热金属灯管（此时要转动空气调节器把入气孔调到最小）。待酒精气化，从喷口喷出时，引火碗内燃烧的火焰便可把喷出的酒精蒸气点燃。如不能点燃，也可用火柴来点燃。

② 当喷口火焰点燃后，再调节空气量，使火焰达到所需的温度。在一般情况下，进入的空气越多，也就是氧气越多，火焰温度越高。

③ 停止使用时，可用石棉网覆盖燃烧口，同时用湿抹布盖在灯座上，使它降温。移动

空气调节器，加大空气量，灯焰即熄灭。然后垫着布旋松螺旋盖（以免烫伤），使灯壶内的酒精蒸气放出。

④ 喷灯使用完毕，应将剩余酒精倒出。

（3）注意事项

① 喷灯工作时，灯座下绝不能有任何热源，环境温度一般应在35℃以下，周围不要有易燃物。

② 当罐内酒精耗剩20毫升左右时，应停止使用，如需继续工作，要把喷灯熄灭后再添加酒精，不能在喷灯燃着时向罐内加注酒精，以免引燃罐内的酒精蒸气。

③ 使用喷灯时如发现罐底凸起，要立即停止使用，检查喷口有无堵塞，酒精有无溢出等，待查明原因，排除故障后再使用。

④ 每次连续使用的时间不要过长。如发现灯身温度升高或罐内酒精沸腾（有气泡破裂声）时，要立即停用，避免由于罐内压强增大导致罐身崩裂。

3. 水浴加热

（1）使用方法（图2.11）

① 将水浴锅放在平整的工作台上，观察外观应无破损。通电前水浴锅加注清水后应不漏水，再向水浴锅的水槽注入清水（有条件请用蒸馏水，可减少水垢），液面距上口应保持2～4cm的距离，以免水溢出到电气箱内，损坏器件。开启电源开关，电源开关指示灯亮，设备的电源已接通，温度控制仪表显示的数值是当前的水温值。

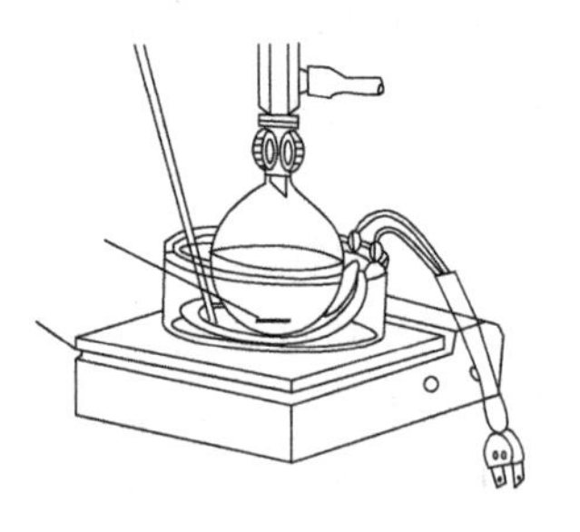

图2.11 水浴加热

② 按照所需要的工作温度进行温度的设定，此时温控仪表的绿灯亮，电加热器开始加热，待水温接近设定温度时，温控仪表的红绿灯开始交替亮灭，温控仪表进入了比例控制带，加热器开始断续加热以控制热惯性。当水温升至设定温度时，红绿灯按照一定的规律交替亮灭，设备进入恒温段。

③ 数字显示双列四孔恒温水浴锅，工作温度65℃，其操作程序如下：加注清水→开启电源开关→温度设定→温控仪表的绿灯亮，加热器开始工作→温控仪表的红绿灯开始交替亮灭，进入比例加热阶段→直至恒温。

④ 实验工作结束以后，关闭电源开关，切断设备的电源，并将水槽内的水放净。

（2）注意事项

① 水浴锅使用时，必须先加水后通电，严禁干烧；必须有可靠的接地以确保使用安全；

② 水位低于电热管，不准通电使用，以免电热管爆裂损坏；水位也不可过高，以免水溢入电器箱损坏元件；

③ 定期检查各接点螺丝是否松动，如有松动应加紧固，保持各电气接点接触良好；

④ 水浴锅长期不使用时，应将水槽内的水放净并擦拭干净，定期清除水槽内的水垢。

4. 油浴和沙浴加热

当被加热物质要求受热均匀，温度又高于100℃时，可用油浴或沙浴。油浴加热与水浴加热方法相似。沙浴是在铁制沙盘中装入细沙，将被加热容器下部埋在沙中，用煤气灯或电炉加热沙盘。沙浴温度可达300～400℃。

5. 电加热

实验室常用电炉、电加热套、管式炉、马弗炉等进行电加热，如图 2.12。

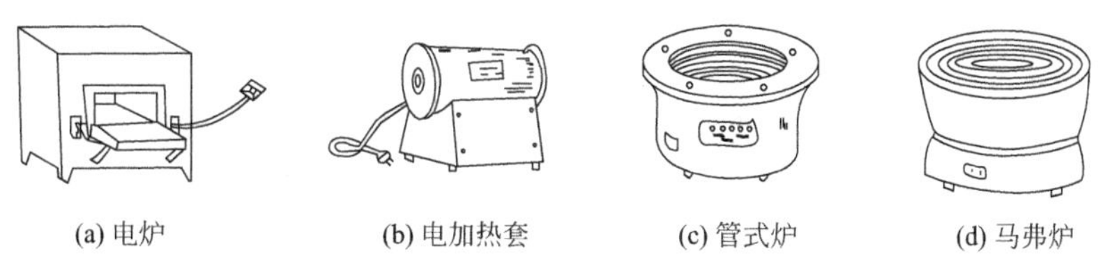

(a) 电炉　(b) 电加热套　(c) 管式炉　(d) 马弗炉

图 2.12　电加热仪器

电炉可代替煤气灯加热容器中的液体，如果电炉是非封闭式的，应在容器和电炉之间垫一块石棉网，以便溶液受热均匀和保护电热丝。

管式炉利用电热丝或硅碳棒加热，温度可分别达到 950℃和 1300℃。炉膛中放一根耐高温的石英玻璃管或瓷管，管中再放入盛有反应物的瓷舟，使反应物在空气或其他气氛中受热。

马弗炉也是利用电热丝或硅碳棒加热的高温炉，炉膛呈长方体，很容易放入要加热的坩埚或其他耐高温的容器。

管式炉和马弗炉的温度用温度控制仪连接热电偶来控制，热电偶是将两根不同的金属丝一端焊接在一起制成的，使用时把未焊接的一端连接在毫伏计正负极上，焊接端伸入炉膛内。温度愈高热电偶热电势愈大，由毫伏计指针偏离零点远近指示出温度的高低。

四、温度的控制与测量

温度是表征体系中物质内部大量分子、原子平均动能的一个宏观物理量。物体内部分子、原子平均动能的增加或减少，表现为物体温度的升高或降低。物质的物理化学特性，都与温度有密切的关系，温度是确定物体状态的一个基本参量，因此，温度的准确测量和控制在科学实验中十分重要。

温度是一种特殊的物理量，两个物体的温度只能相等或不等。为了表示温度的高低，相应地需要建立温标。那么，温标就是测量温度时必须遵循的规定，国际上先后制定了几种温标。

摄氏温标是以大气压下水的冰点（0℃）和沸点（100℃）为两个定点，定点间分为 100 等份，每一份为 1℃。用外推法或内插法求得其他温度。1848 年开尔文（Kelvin）提出热力学温标，通常也叫做绝对温标，以开（K）表示，它是建立在卡诺循环基础上的。

由于气体温度计的装置复杂，使用不方便，为了统一国际间的温度量值，1927 年拟定了“国际温标”，建立了若干可靠而又能高度重现的固定点。随着科学技术的发展，又经多次修订，现在采用的是 1990 年国际温标（ITS－90），其定义的温度固定点、标准温度计和计算的内插公式请参阅中国计量出版社出版的《1990 年国际温标宣贯手册》和《1990 年国际温标补充资料》。

熟悉温度的控制的基本原理及温度源的温度调节过程，学会智能调节器和温度源的使用(要求熟练掌握)，为以后的实验打下基础。

温度是化工生产中最普遍、最重要的物理量之一。温度是测量和控制的重要参数。温度测量仪表很多，这里仅介绍常用的液体膨胀式温度计、电阻式温度计和热电偶温度计的测温原理及其显示仪表。

(1) 玻璃管液体温度计

玻璃管液体温度计按其用途又分为工业用、实验室用和标准水银温度计三种。标准水银温度计有一等和二等之分，其最小分度值分别为0.05℃和0.1℃，主要用于其他温度计的校核。

实验室用玻璃管液体温度计一般是棒状的，但也有内标式的。这种温度计适用科研单位使用，具有较高精度和灵敏度，测量范围为－30～350℃。工业用温度计一般做成内标尺式，为了避免温度计在使用时被碰伤，在其外面通常罩有金属保护管。

使用玻璃管液体温度计时应注意两个问题：一是防止骤冷骤热致使零点位移而损坏温度计。二是注意温度计的插入深度，否则将引起测量误差。

(2) 热电阻温度计

在工业上广泛应用热电阻温度计来测量－200～500℃之间温度，它的特点是准确度高、灵敏性好，因输出的是电信号，故便于远传和实现多点切换测量。

① 测量原理

导体或半导体的电阻值都有随温度变化的性质，我们用仪表将热电阻变化显示出来，就可获得与电阻相对应的温度值，电阻温度计就是根据这一原理工作的。

电阻元件的电阻与温度的关系如下式：

$$R_t = R_0[1+\alpha(t-t_0)]$$

$$\Delta R_t = \alpha R_0(\Delta t)$$

式中，R_t 为温度为 t 时的电阻值；α 为电阻的温度系数；Δt 为温度的变化量；R_0 为温度为 t_0（通常为0℃）时的电阻值；ΔR_t 为电阻值的变化量。

温度的变化会导致金属导体电阻的变化，这样只要设法测出电阻值的变化，就能达到温度测量的目的。

② 电阻温度计显示仪表的使用方法

电阻温度计配用不平衡电桥式仪表（即动圈式仪表）和电子平衡电桥显示仪。后者较前者的精度和灵敏度高。在精馏实验装置中就是采用动圈式指示仪表（XCZ-10Z型）配接热电阻显示塔顶和塔底的温度。

当被测温度为仪表刻度始点温度时（$R_1=R_0$），电桥平衡，流过动圈表头的电流为零，仪表的指针于起始位置（起始刻度 t_0），随着被测温度升高，R_t 阻值变大，电桥失去平衡，电桥A、B端输出电压和动圈仪的电流大于零，指针偏转。被测温度越高，电桥输出的不平衡电压越大，流过动圈的电流越大，仪表指针的偏转角度也越大。由于电桥的不平衡电流只随热电阻 T_t 而变化，因此指针将停留在对应于 R_t 的位置上，指示出被测温度的数值。

五、分离与提纯

溶液的蒸发与浓缩：蒸发浓缩一般在水浴上进行，若是溶液太稀，可先在石棉网上直接加热蒸发，再放在水浴上加热蒸发。蒸发速度快慢不仅与温度高低有关，还与被蒸发液体的表面大小和浓度有关。

常用容器是蒸发皿，它能使被蒸发的液体有较大的表面，有利于蒸发的进行。蒸发皿内所盛液体的量不超过其容量的2/3。当溶液有大量溶质析出时，还应用玻璃棒不停地进行搅拌，以免溶液飞溅，不断把蒸发皿器壁的晶体转移到溶液中。

随着水分的不断蒸发，溶液逐渐被浓缩，浓缩到什么程度，则取决于溶质溶解度的大小及结晶对浓度的要求。如果溶质的溶解度较小，溶解度随温度变化较大，则蒸发到一定程度即可停止；溶解度较大，则应蒸发得更浓些。另外，结晶时希望得到较大的晶体，不易浓缩得太浓。

六、试纸的使用

1. pH 试纸

pH 试纸广泛用于检测溶液的酸碱度，由于其具有结果颜色可对比性，因此对于大致了解溶液的酸碱程度具有十分直观的特点。

溶液有酸性和碱性之分，检验溶液酸碱性通常使用“广泛 pH 试纸”。撕下一条试纸置于表面皿中，用一支干燥的玻璃棒蘸取一滴溶液于试纸上，通过其颜色变化可以知道溶液的酸碱性。pH 试纸按测量精度可分 0.2 级、0.1 级、0.01 级或更高精度。

pH 试纸上有甲基红、溴甲酚绿、百里酚蓝这三种指示剂。甲基红、溴甲酚绿、百里酚蓝和酚酞一样，在不同 pH 值的溶液中均会按一定规律变色。甲基红的变色范围是 pH 4.4(红)～6.2(黄)，溴甲酚绿的变色范围是 pH 3.6(黄)～5.4(绿)，百里酚蓝的变色范围是 pH 6.7(黄)～7.5(蓝)。用定量甲基红加定量溴甲酚绿加定量百里酚蓝的混合指示剂浸渍中性白色试纸，晾干后制得的 pH 试纸可用于测定溶液的 pH 值便不难理解了。

$pH=-lg[H^+]$，用来量度物质中氢离子的活性。这一活性直接关系到水溶液的酸性、中性和碱性。水在化学上是中性的，但不是没有离子，即使化学纯水也有微量被离解；严格地讲，只有在与水分子水合作用以前，氢核不是以自由态存在。

(1) 试纸的使用方法

检验溶液的酸碱度：取一小块试纸在表面皿或玻璃片上，用洁净的玻璃棒蘸取待测液点滴于试纸的中部，观察变化稳定后的颜色，与标准比色卡对比，判断溶液的性质。

检验气体的酸碱度：先用蒸馏水把试纸润湿，粘在玻璃棒的一端，再送到盛有待测气体的容器口附近，观察颜色的变化，判断气体的性质（试纸不能触及器壁)。

(2) 注意

① 试纸不可直接伸入溶液。

② 试纸不可接触试管口、瓶口、导管口等。

③ 测定溶液的 pH 时，试纸不可事先用蒸馏水润湿，因为润湿试纸相当于稀释被检验的溶液，这会导致测量不准确。正确的方法是用蘸有待测溶液的玻璃棒点滴在试纸的中部，待试纸变色后，再与标准比色卡比较来确定溶液 pH。

④ 取出试纸后，应将盛放试纸的容器盖严，以免被实验室的一些气体沾污。

2. 石蕊试纸

石蕊是一种弱的有机酸，在酸碱溶液的不同作用下，发生共轭结构的改变而变色。石蕊试纸是将滤纸浸于含石蕊试剂的溶液中，晾干后制得的，是一种检验溶液酸碱性的常用定性试纸。

石蕊试纸分为有红色石蕊试纸和蓝色石蕊试纸两种。碱性溶液使红色试纸变蓝，酸性溶液使蓝色试纸变红。严格而言，常温常压下，pH 值高于 8.3 时红石蕊试纸才会变蓝，而 pH 值低于 4.5 时蓝石蕊试纸才会变红。换句话说，pH 值介于 4.5～8.3 时红蓝石蕊试纸是不会变色的。所以在测试接近中性的溶剂时会不大准确。

石蕊试纸的使用方法：

检验溶液酸碱性：用石蕊试纸检验溶液的酸碱性时，将相应的石蕊试纸放在表面皿上，用玻璃棒蘸取待测液沾在石蕊试纸上，然后观察试纸颜色的变化，判断待测溶液的酸碱性。

检验气体酸碱性：用石蕊试纸检验气体的酸碱性时，先将石蕊试纸用蒸馏水润湿，再将试纸悬于盛装气体或产生气体的仪器口部，气体接触试纸后，试纸会有颜色变化，进而判断待测气体的酸碱性。

3. 淀粉-碘化钾试纸

淀粉-碘化钾试纸是一种用来检测氧化性物质是否存在的试纸。淀粉遇碘变蓝色这个实验，常作为淀粉和碘的相互检验方法。而淀粉-碘化钾试纸是在此原理基础上制作而成，常用来检验和鉴别氧化性大于碘单质物质的存在与否，如 Cl_2、Br_2、NO_2、O_3、HClO、H_2O_2 等。以上物质比碘活泼，可以从碘化钾中置换出碘，润湿的试纸遇上述氧化剂变蓝。

不宜在超过 40℃ 的条件下使用，因为淀粉-碘混合物可在此环境下分解，而蓝色会消失。

4. 醋酸铅试纸

醋酸铅试纸是用以检测微量硫化氢的用品。它主要用于检验硫化氢气体的存在。润湿的醋酸铅试纸遇到硫化氢气体时，产生硫化铅。白色的试纸立即变黑，化学方程式是：

$$Pb(CH_3COO)_2 + H_2S \xlongequal{} PbS\downarrow + 2CH_3COOH$$

(1) 醋酸铅试纸制备方法

将滤纸浸入 3%的醋酸铅溶液中，浸透后取出，在无 H_2S 的环境中晾干。

(2) 使用方法

检验硫化氢气体，先用蒸馏水把试纸润湿，沾在玻璃棒的一端，使其接近盛放气体的试管、集气瓶或者是导管口，观察颜色变化；检验硫化氢水溶液，取一小块试纸放在表面皿或者是玻璃片上，用干洁的玻璃棒蘸取适量待测液点在试纸的中部，观察颜色变化。

第三章

基本操作实验

实验一　固体的过滤和洗涤

一、实验目的

1. 掌握倾注法沉淀过滤的方法与操作。

2. 掌握沉淀分离法消除杂质干扰的方法。

3. 掌握沉淀分离法的操作技术。

二、实验原理

在弱酸性溶液中，$CaCl_2$ 与 $(NH_4)_2C_2O_4$ 形成 CaC_2O_4 沉淀从而可进行过滤、洗涤。

$Ca^{2+} + C_2O_4^{2-} \xlongequal{} CaC_2O_4 \downarrow$

三、仪器与药品

1. 仪器

恒温水浴锅，漏斗架，长颈漏斗，pH 试纸（酸性），中速定量滤纸。

2. 药品

草酸铵溶液（0.2mol/L），$CaCl_2$（0.02mol/L），甲基红指示剂，氨水。

四、实验步骤

1. 沉淀

在 250mL 烧杯中倒入 100mL 0.02mol/L $CaCl_2$ 和 40mL 0.2mol/L $(NH_4)_2C_2O_4$，滴入 3～4 滴甲基红指示剂，溶液变为红色，加热至 75～80℃，逐滴加入氨水并不断搅拌，调节 pH=4.5～5.5，观察溶液由红色恰好变为橙色，75～80℃水浴陈化后，用中速定量滤纸过滤沉淀，沉淀尽量保留原烧杯，用蒸馏水洗涤原烧杯至滤液无 $C_2O_4^{2-}$（可用 $CaCl_2$ 检验），把滤纸和沉淀放入原烧杯。

2. 过滤、洗涤（倾注法）

（1）滤纸的折叠与安放

一面三层一面一层的锥形斗，三层的折叠处撕一小块，使滤纸和漏斗内壁紧贴而无气泡。

（2）倾泻法过滤

用玻璃棒的下端对准滤纸三层厚的一边尽可能近，但不能接触滤纸，把上层清液沿玻璃棒慢慢流入漏斗中，倾入的溶液一般只充满滤纸的三分之二或者离滤纸上边缘 5cm，以免少量沉淀因毛细管作用通过滤纸上沿而造成损失。

(3) 倾泻法洗涤

每次取出洗涤液约10mL洗涤烧杯四周，使黏附着的沉淀集中在烧杯底，放置澄清后再过滤。本着少量多次的原则，洗涤重复三到四次。

(4) 初步检验

洗涤完后，用一小试管接2mL左右滤液加入试剂进行初步检验。

(5) 转移沉淀

在沉淀中加入少量洗涤液，搅动混合，立即倾入漏斗中，如此重复几次，将大部分沉淀转移到漏斗上，少量在烧杯上的沉淀用洗瓶洗入漏斗中。

(6) 滤纸上沉淀的洗涤

将洗涤液从滤纸的边缘开始往下螺旋形移动使沉淀集中在滤纸的底部。注意尽量用少量的洗涤液。

(7) 最后检验

为了保证沉淀纯净，需要再检验一次。

(8) 转移残留沉淀

如果烧杯中还留有少量的沉淀，用前面撕下的滤纸角擦烧杯的四壁。

五、注意事项

1. 为了获得纯净的草酸钙沉淀，必须严格控制酸度条件（pH＝4.5～5.5），pH过低有可能会沉淀不完全，pH过高可能造成氢氧化钙沉淀和碱式草酸钙沉淀。

2. 因为草酸钙沉淀溶解度较大，用蒸馏水洗涤要多次，每次洗涤应将溶液全部转移至滤纸中过滤。

六、问题与讨论

1. 洗涤沉淀时，可以用哪些溶液洗涤？

2. 为什么一定严格控制pH值？

实验二　干　　燥

一、实验目的

掌握实验室常见的干燥方法及原理。

二、实验原理

干燥是指在化学工业中，借热能使物料中水分（或溶剂）气化，并由惰性气体带走所生成的蒸汽的过程。例如干燥固体时，水分（或溶剂）从固体内部扩散到表面再从固体表面气化。干燥可分为自然干燥和人工干燥两种，并有真空干燥、冷冻干燥、气流干燥、微波干燥、红外线干燥和高频干燥等方法。

三、实验室中常见的干燥方法和设备

1. 真空干燥箱

原理：真空干燥箱专为热敏性、易分解和易氧化物质及较复杂成分物品而设计，能够向内部充入惰性气体，特别是一些成分复杂的物品也能进行快速干燥。

应用：应用于生物化学、化工制药、医疗卫生、农业科研、环境保护等研究应用领域，作粉末干燥、烘焙以及各类玻璃容器的消毒和灭菌使用。特别适合于对干燥热敏性、易分解、易氧化物质和复杂成分物品进行快速高效的干燥处理。

优点：此设备易于控制，可冷凝回收被蒸发的溶媒，干燥过程中药品不易被污染，可以用在药品干燥、包材灭菌及热处理上。不但可以干燥样品，还可以提供实验所需的环境。

2. 鼓风干燥箱

原理：鼓风干燥箱最大特点在于鼓风，与外界空气相连；鼓风风机使干燥箱内的空气水平对流循环，使箱内空气吹送到电加热器上加热后送到工作室，然后由工作室吸入风机再吹到电热管上加热，不断循环加热的同时也使箱内温度更加均匀。工作室的热空气可对潮湿的试样物品加热，水分也会因加热变成蒸汽混入热风中。

应用：用于烘烤有化学性气体及食品加工待烘烤物品，油墨的固化、漆膜的烘干等，广泛应用于电机、电镀、塑料、五金化工、仪器、印刷、制药、PC 板、粉体、喷涂、玻璃、木器建材等精密烘烤、烘干、回火、预热、定型、加工等。

3. 喷雾干燥机

原理：喷雾干燥技术是使液态物料经过喷嘴雾化成细微的雾状液滴，以获得大的比表面积，在进入干燥塔内流动的热力场后，雾状液滴立即被干燥并分离为粉料的势力过程。进料可以是溶液、乳浊液、悬浮液、糊状物、胶状液体等可流动的液体。

应用：喷雾干燥技术是干燥领域发展最快、应用范围最广的一种干燥方式，目前被广泛应用于医药工业、食品工业、化学工业、乳品工业、建材工业、染料工业等等领域。

优点：效率高，样品 1～1.5 秒就能干燥，收集的样品为均匀颗粒。方便储存、运输、研究和利用。

4. 冷冻干燥机

原理：由物理学可知，水有三相，根据压力减小、沸点下降的原理，只要压力在三相点压力之下，物料中的水分则可从水不经过液相而直接升华为水汽。根据这个原理，就可以先将样品的湿原料冻结至冰点之下，使原料中的水分变为固态冰，然后在适当的真空环境下，将冰直接转化为蒸汽而除去，再用真空系统中的水汽凝结器将水蒸气冷凝，从而使物料得到干燥。这种利用真空冷冻获得干燥的方法，是水的物态变化和移动的过程，这个过程发生在低温低压下，因此，冷冻干燥的基本原理是在低温低压下传热传质。

应用：传统的干燥会引起材料皱缩，例如破坏细胞结构，在冷冻干燥的过程中样品的结构不会被破坏，因为固体成分被在其位子上的冰支持着。在冰升华时，它会在干燥的剩余物质里留下孔隙，这样就保留了产品的生物和化学结构及其活性的完整性。在实验室中，冻干有很多不同的用途，其在许多生物化学与制药应用中是不可缺少的，可用于获得可长时期保存的生物材料，例如微生物培养、酶、血液与药品，除长期保存的稳定性以外，还可保留其固有的生物活性与结构。为此，冻干被用于组织样品的结构研究（例如电镜研究）。冷冻干燥也应用于化学分析中，它能得到干燥态的样品，或者浓缩样品以增加化析敏感度。冻干使样品成分稳定，也不会改变化学成分，是理想的分析辅助手段。

实验三　分　　馏

一、实验目的

1. 了解分馏的原理和意义，蒸馏与分馏的区别，分馏的种类及特点。
2. 掌握实验室分馏的操作方法。

二、实验原理

1. 分馏的概念

沸点不同但可互溶的液体混合物，通过在分馏柱中多次的汽化-冷凝，从而使沸点相近的混合物得到分离，这个过程称为分馏。简单地说，分馏就是多次的蒸馏。注：当两种或者三种液体混合物以一定比例混合，可组成具有固定沸点的混合物，将这种混合物加热至沸腾时，在气液平衡体系中，气相组成和液相组成一样，故不能使用分馏法将其分离出来，只能得到按一定比例组成的混合物，这种混合物称为共沸混合物。共沸混合物有固定的组成和沸点，不能通过分馏的方法分离。

2. 分馏的原理

当混合物蒸气进入分馏柱中时，由于柱外空气的冷却，蒸气中高沸点组分易被冷凝回流入烧瓶中，故上升的蒸气中低沸点组分就会相对地增多，当冷凝液回流途中，遇到上升的蒸气时，二者之间进行热交换，使冷凝液中低沸点组分再次受热汽化，高沸点仍呈液态回流，通过多次的汽化-冷凝-回流等程序，当分馏柱的效率相当高且操作正确时，在分馏柱顶部出来的蒸气就越接近于纯低沸点组分，而烧瓶里残留的几乎是纯高沸点组分，最终使沸点相近的两组分得到较好的分离。

简言之，分馏柱的作用就是使高沸点组分回流，低沸点组分得到蒸馏的仪器装置。分馏的用途就是分离沸点相近的多组分液体混合物。

三、仪器与药品

1. 仪器

分馏柱，圆底烧瓶，冷凝管，调温电加热套，升降台，铁架台，牛角管（接液器），锥形瓶，温度计，橡胶塞，万用夹，乳胶管等。

2. 药品

沸石，丙酮与水按 1∶1 的比例混合（30mL）。

四、实验步骤

1. 分馏装置及安装（图 3.1）

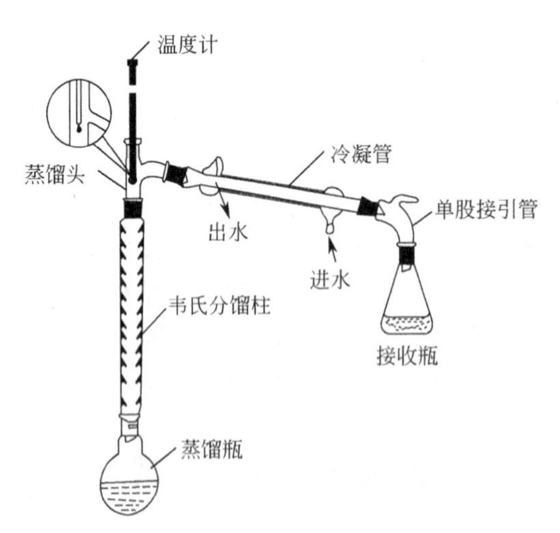

图 3.1　分馏装置图

2. 分馏实验

① 加料：往圆底烧瓶内加入丙酮与水混合液 30mL，2～3 粒沸石。

② 通冷凝水。

③ 加热：适当控制加热速度，以 1～2 滴/秒为宜。

④ 收集：用量筒收集馏出液。

⑤ 读数：注意温度计、量筒的读数与有效数字。

⑥ 分馏完毕，先停止加热再停止通水，拆卸仪器，其程序与装配时相反。

五、注意事项

1. 蒸馏装置不能密封。

2. 温度计水银球上限应和蒸馏头侧管的下限在同一水平线上，冷凝水应从下口进上口出。

六、问题与讨论

1. 蒸馏时加入沸石的作用是什么？如果蒸馏时忘记加沸石，应该如何处理？当重新蒸馏时，用过的沸石能否继续使用？

2. 如果液体具有恒定的沸点，那么能否认为它是单纯物质？

实验四 萃　　取

一、实验目的

1. 了解萃取的原理及其在有机物研究中的应用。

2. 初步掌握液-液萃取和液-固萃取的基本操作。

二、实验原理

萃取又称溶剂萃取或液液萃取，亦称抽提。利用系统中组分在不同溶剂中溶解度的不同，使物质从一种溶剂中转移到另外一种溶剂中，是物质分离、提纯的一种方法。

料液中含有溶质 A 和溶剂 B，为使 A 与 B 尽可能地分离，需选择一种溶剂，称为萃取剂 S，要求它对 A 的溶解能力要大，而与原溶剂（稀释剂）B 的相互溶解度越小越好。萃取的第一步是使原料液与萃取剂在混合器中保持密切接触，溶质 A 将通过两液相间的界面由原料液向萃取剂中传递；在充分接触、传质之后，第二步是使两液相在分层器中因密度的差异而分为两层。一层以萃取剂 S 为主，并溶有较多的溶质，称为萃取相；另一层以原溶剂 B 为主，还含有未被萃取完的部分溶质，称为萃余相。在萃取过程中，将一定量的溶剂分成几份多次萃取，其效果比用等量的溶剂进行一次萃取要好。

三、仪器与药品

1. 仪器

分液漏斗，烧杯（100mL），带铁圈的铁架台。

2. 药品

碘水，CCl_4。

四、实验步骤

萃取的操作如图 3.2。

1. 分液漏斗的选择和检验

检验分液漏斗是否漏水，检查完毕将分液漏斗置于铁架台上。

2. 振荡萃取

用量筒量取 10mL 碘水，倒入分液漏斗，再量取 5mL 萃取剂 CCl_4 加入分液漏斗，盖好玻璃塞，振荡、放气；需要重复几次振荡放气。

3. 静置分层

将振荡后的分液漏斗放于铁架台上，漏斗下端管口紧靠烧杯内壁。

4. 分液

调整瓶塞凹槽对着瓶颈小孔，使漏斗内外空气相通，轻轻旋动活塞，按“上走上，下走下”的原则分离液体。

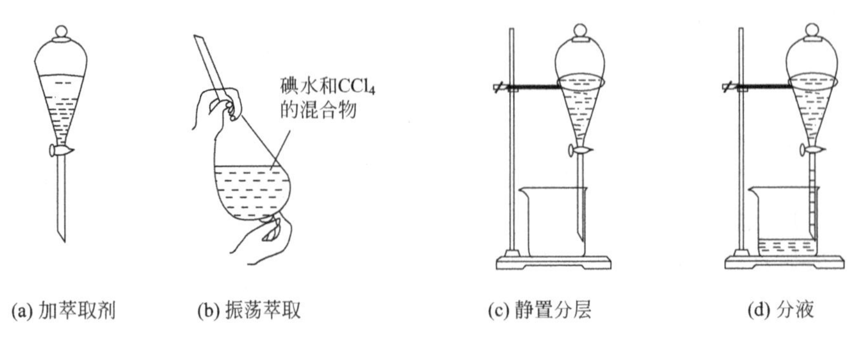

图 3.2 萃取的操作

五、注意事项

1. 溶剂与水和被萃取物质都不发生反应。
2. 将溶液注入分液漏斗中，溶液总量不超过其容积的 3/4。

六、问题与讨论

1. 如何洗涤有机层的碱性杂质、酸性杂质？
2. 当杂质既非酸性又非碱性时用什么洗涤？

实验五 重 结 晶

一、实验目的

掌握重结晶的原理和方法。

二、实验原理

固体有机物在溶剂中的溶解度与温度有密切关系。一般是温度升高溶解度增大。若把固体溶解在热的溶剂中达到饱和，冷却时即由于溶解度降低，溶液变成过饱和而析出结晶。利用溶剂对被提纯物质及杂质的溶解度不同，可以使被提纯的物质从过饱和溶液中析出，而让杂质全部或大部分留在溶液中从而达到提纯目的，重结晶适用于产品与杂质性质差别较大，产品中杂质含量小于5%的体系。

三、仪器与药品

1. 仪器

锥形瓶，电磁搅拌器，电热套，球形冷凝器，抽滤装置。

2. 药品

尿素，活性炭，无水乙醇。

四、实验步骤

1. 制备提纯物质的饱和溶液

称取 1.5g 尿素，加到锥形瓶中，用量筒量取 8mL 无水乙醇，加入锥形瓶中，然后将锥形瓶加热，使溶液沸腾，边滴加溶剂边观察固体溶解情况，使固体全部溶解。

2. 脱色

待上述热的饱和溶液稍冷却后，加入适量的活性炭摇动，使其均匀分布在溶液中。加热煮沸 5～10 分钟即可。注意：千万不能在沸腾的溶液中加入活性炭，否则会引起暴沸。

3. 热过滤

为了尽量减少过滤过程中产品的损失，操作时应做到：仪器热、溶液热、动作快。

4. 冷却结晶

首先在室温慢慢冷却至固体出现，再用冰水进行冷却。这样可以保证晶体形状好，颗粒均匀，晶体内不含有杂质和溶剂。

5. 抽滤

真空过滤，转移瓶中残留晶体时，应用母液洗涤，干燥晶体。

五、注意事项

1. 重结晶时，热过滤是关键一步，布氏漏斗和吸滤瓶一定要预热。滤纸大小要合适，抽滤过程要快，避免产品在布氏漏斗中结晶。

2. 重结晶过程中，晶体可能不析出，可用玻璃棒摩擦烧杯壁或加入晶种使晶体析出。

六、问题与讨论

1. 重结晶法一般包括哪几个步骤？简单说明每一步操作的目的。

2. 重结晶操作的目的是获得最高回收率的精制品，解释下列操作哪个会得到相反的效果：

① 在溶解时用了不必要的大量溶剂；

② 抽滤得到的结晶在干燥之前没有用新鲜的冷溶剂洗涤；

③ 抽滤得到的结晶在干燥前用新鲜的热溶剂洗涤。

实验六　薄层色谱法

一、实验目的

1. 掌握薄层色谱操作技巧。

2. 了解薄层色谱的基本原理和应用。

二、实验原理

1. 薄层色谱

薄层色谱（TLC）是一种微量分析的分离过程，它将样品点在以玻璃板或铝、塑料等片材为载体的多孔吸附剂薄层的固定相上，利用流动相在特定的展开室中将混合物中的组分推移到不同距离处，在色谱展开整个过程中，样品的成分受到正反不同的力的作用。流动相利用毛细管力带着样品穿过固定相。样品与固定相的相互作用是指组分在移行过程中由于偶极（-诱导）-偶极相互作用、氢键和范德华力的作用而产生不同程度的延缓、吸附、分散、离子交换和络合等分离机理。由于样品组分与流动相和固定相之间的相互作用力程度不同，整个毛细管流动过程中分离运动都在进行。基于这点，TLC 系统（流动相和固定相）必须与样品很好地匹配。用显色试剂处理，许多组分可在日光或紫外灯光下检视。色谱可用肉眼或使用光密度计和照相机记录或影像系统方法来评价。

2. 薄层色谱的用途

① 化合物的定性检验　通过与已知标准物对比的方法进行未知物的鉴定。在条件一致的情况下，纯化合物在薄层色谱中呈现一定的移动距离，称比移值（R_f 值）。利用薄层色谱法可鉴定化合物的纯度或确定两种性质相似化合物是否为同一种物质。影响比移值的因素很多，如薄层的厚度，吸附剂颗粒的大小，酸碱度、活性、外界温度和展开剂纯度、组成、挥发度等。所以要获得比移值重现性就比较困难。为此，在测定某一试样时，最好用对照品和样品同时对照进行。

② 快速分离少量物质（几到几十 μg，甚至 0.01μg）。

③ 跟踪反应进程，在进行化学反应时，常利用薄层色谱观察原料斑点的逐步消失，来判断反应是否完成。

④ 化合物纯度的检验（只出现一个斑点，且无脱尾现象，为纯物质）。

三、仪器与药品

1. 仪器

5.0cm×15.0cm 硅胶层析板两块，卧式层析槽一个，点样用毛细管，硅胶。

2. 药品

偶氮苯，苏丹红。

四、实验步骤

1. 薄层板的制备与活化

称取 2～5g 层析用硅胶，加适量水调成糊状，等硅胶开始固化时，再加少许水，调成匀浆，平均摊在两块 5.0cm×15.0cm 的层析玻璃板上，再轻敲使其涂布均匀。固化后，经 105℃烘烤活化 0.5h，贮于干燥器内备用。

2. 点样

在层析板下端 2.0cm 处，用铅笔轻画一起始线，并在点样处用铅笔作一记号为原点。取毛细管，分别蘸取偶氮苯、偶氮苯与苏丹红混合液，点于原点上（注意点样用的毛细管不能混用，毛细管不能将薄层板表面弄破，样品斑点直径在 1～2mm 为宜，斑点间距为 1cm）。

3. 展开

展开是分离的过程，是在密闭的容器内进行的［图 3.3(a)］。为了得到较好的分离效果，有时可以将点好试样的薄层板与展开剂同时放入展开槽内，但不使薄层板接触展开溶剂，仅使其受溶剂蒸汽饱和，然后再进行展开。采取直线形上行展开，薄层板水平角度 75°，展开距离一般为 10～15cm。

4. 定位及定性分析

如图 3.3(b)，用铅笔将各斑点框出，并找出斑点中心，用小尺量出各斑点到原点的距离和溶剂前沿到起始线的距离，然后计算各样品的比移值并定性确定混合物中各物质名称。

五、注意事项

1. 比移值 $R_f = L/L_0$

2. 铺板时一定要铺匀，特别是边、角部分，晾干时要放在平整的地方。

3. 点样时点要细，直径不要大于 2mm，间隔 0.5cm 以上，浓度不可过大，以免出现拖尾、混杂现象。

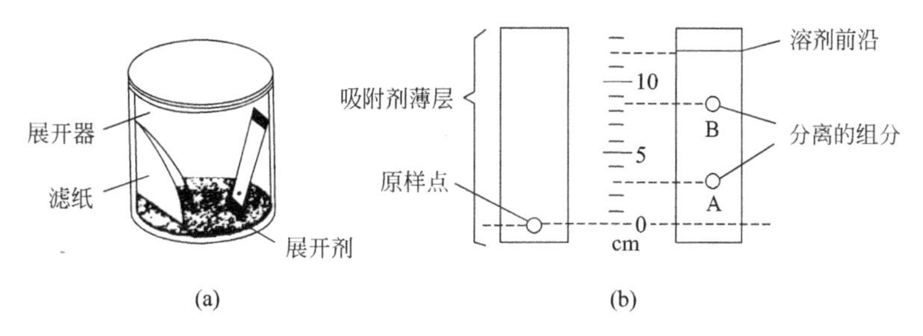

图 3.3　某组分薄层色谱展开过程及分析

六、问题与讨论

1. 如何利用 R_f 值来鉴定化合物？

2. 薄层色谱法点样时应注意什么？

3. 常用的薄层色谱显色剂有哪些？

实验七　柱色谱法

一、实验目的

1. 了解柱色谱法分离有机物的原理。

2. 了解固定相和流动相的选择原则。

二、实验原理

1. 原理

液-固色谱是基于吸附和溶解性质的分离技术，柱色谱属于液-固吸附色谱。当混合物溶液加在固定相上时，固体表面借各种分子间力（包括范德华力和氢键）作用于混合物中各组分，以不同的作用强度被吸附在固体表面。由于吸附剂对各组分的吸附能力不同，当流动相流过固体表面时，混合物各组分在液-固两相间分配。吸附牢固的组分在流动相分配少，吸附弱的组分在流动相分配多。流动相流过时各组分会以不同的速率向下移动，吸附弱的组分以较快的速率向下移动。随着流动相的移动，在新接触的固定相表面上又依这种吸附-溶解过程进行新的分配，新鲜流动相流过已趋平衡的固定相表面时也重复这一过程，结果是吸附弱的组分随着流动相移动在前面，吸附强的组分移动在后面，吸附特别强的组分甚至会不随流动相移动，各种化合物在色谱柱中形成带状分布，实现混合物的分离。

2. 固定相选择

柱色谱使用的固定相材料又称吸附剂。吸附剂对有机物的吸附作用有多种形式。以氧化铝作为固定相时，非极性或弱极性有机物只有范德华力与固定相作用，吸附较弱；极性有机物同固定相之间可能有偶极力或氢键作用，有时还有成盐作用。这些作用的强度依次为：成盐作用＞配位作用＞氢键作用＞偶极作用＞范德华力作用。有机物的极性越强，在氧化铝上的吸附越强。

色谱用的氧化铝可分酸性、中性和碱性三种。酸性氧化铝 pH 约为 4～4.5，用于分离羧酸、氨基酸等酸性物质；中性氧化铝 pH 值为 7.5，用于分离中性物质，应用最广；碱性氧化铝 pH 为 9～10，用于分离生物碱、胺和其他碱性化合物等。

吸附剂的活性与其含水量有关。含水量越低，活性越高。脱水的中性氧化铝称为活性氧化铝。硅胶是中性的吸附剂，可用于分离各种有机物，是应用最为广泛的固定相材料之一。活性炭常用于分离极性较弱或非极性有机物。吸附剂的粒度越小，比表面越大，分离效果越明显，但流动相流过越慢，有时会产生分离带的再重叠，适得其反。

3. 流动相选择

色谱分离使用的流动相又称展开剂。展开剂对于选定了固定相的色谱分离有重要的影响。在色谱分离过程中混合物中各组分在吸附剂和展开剂之间发生吸附-溶解分配，强极性展开剂对极性大的有机物溶解得多，弱极性或非极性展开剂对极性小的有机物溶解得多，随展开剂的流过不同极性的有机物以不同的次序形成分离带。

在氧化铝柱中，选择适当极性的展开剂能使各种有机物按先弱后强的极性顺序形成分离带，流出色谱柱。当一种溶剂不能实现很好的分离时，选择使用不同极性的溶剂分级洗脱。如一种溶剂作为展开剂只洗脱了混合物中一种化合物，对其他组分不能展开洗脱，需换一种极性更大的溶剂进行第二次洗脱。这样分次用不同的展开剂可以将各组分分离。

三、仪器与药品

1. 仪器

色谱柱（或25mL碱式滴定管），锥形瓶（25mL），普通漏斗，玻璃棉或脱脂棉，量筒，试管，电子天平，烧杯等。

2. 药品

石油醚，丙酮，中性氧化铝（100～200目），95%乙醇等。

四、实验步骤

1. 柱色谱装置

柱色谱装置包括色谱柱、滴液漏斗、接受瓶。

色谱柱有玻璃制的和有机玻璃制的，后者只用于水做展开剂的场合。色谱柱下端配有旋塞，色谱柱的长径比应不小于7∶1。

2. 分离操作

(1) 装柱

色谱柱的装填有干装和湿装两种方法。干装时，先在柱底塞上少许玻璃纤维，再加入一些细粒石英砂，然后将准备好的吸附剂用漏斗慢慢加入干燥的色谱柱中，边加入边敲击柱身，务必使吸附剂装填均匀，不能有空隙。吸附剂用量应是被分离混合物量的30～40倍，必要时可多达100倍。加够以后，在吸附剂上覆盖少许石英砂。

湿装时，将准备好的吸附剂用适量展开剂调成可流动的糊，如干装时一样准备好色谱柱，将吸附剂糊小心地慢慢加入柱中，加入时不停敲击柱身，务必使吸附剂装填均匀，不能有气泡和裂隙，还必须使吸附剂始终被展开剂覆盖。

(2) 洗柱

干柱在使用前要洗柱，目的是排除吸附剂间隙中的空气，使吸附剂填充密实。洗柱时从柱顶由滴液漏斗加入所选的展开剂，适当放开柱下端的旋塞。加入时先快加，再放慢滴加速度，使吸附剂始终被展开剂覆盖。洗柱时也要轻敲柱身，排出气泡。

(3) 装样和洗脱

将待分离的混合物用最小量展开剂溶解，小心加入柱中。待混合物溶液液面接近吸附剂上的石英砂时，旋开滴液漏斗旋塞，滴加展开剂。滴加速度以1～2滴/秒为适度。整个过程中，应使展开剂始终覆盖吸附剂。

五、注意事项

1. 吸附柱色谱

色谱管为内径均匀、下端缩口的硬质玻璃管，下端用棉花或玻璃纤维塞住，管内装入吸附剂。吸附剂的颗粒应尽可能保持大小均匀，以保证良好的分离效果。除另有规定外，通常多采用直径为0.07～0.15mm的颗粒。色谱柱的大小、吸附剂的品种和用量以及洗脱时的流速均按各品种项下的规定。

（1）吸附剂的填装

① 干法　将吸附剂一次加入色谱管中，振动管壁使其均匀下沉，然后沿管壁缓缓加入洗脱剂；或在色谱管下端出口处连接活塞，加入适量的洗脱剂，旋开活塞使洗脱剂缓缓滴出，然后自管顶缓缓加入吸附剂，使其均匀地润湿下沉，在管内形成松紧适度的吸附层。操作过程中应保持有充分的洗脱剂留在吸附层的上面。

② 湿法　将吸附剂与洗脱剂混合，搅拌除去空气泡，徐徐倾入色谱管中，然后加入洗脱剂将附着管壁的吸附剂洗下，使色谱柱面平整。填装吸附剂所用洗脱剂从色谱柱自然流下，液面和柱表面相平时，即加供试品溶液。

（2）供试品的加入

将供试品溶于开始洗脱时使用的洗脱剂中，再沿色谱管壁缓缓加入，注意勿使吸附剂翻起。或将供试品溶于适当的溶剂中，与少量吸附剂混匀，再使溶剂挥发去尽使呈松散状，加在已制备好的色谱柱上面。如供试品在常用溶剂中不溶，可将供试品与适量的吸附剂在乳钵中研磨混匀后加入。

（3）洗脱

通常按洗脱剂洗脱能力大小递增变换洗脱剂的品种和比例，分别分步收集流出液，至流出液中所含成分显著减少或不再含有时，再改变洗脱剂的品种和比例。操作过程中应保持有充分的洗脱剂留在吸附层的上面。

2. 分配柱色谱

方法和吸附柱色谱基本一致。装柱前，先将载体和固定液混合，然后分次移入色谱管中并用带有平面的玻璃棒压紧；供试品可溶于固定液，混以少量载体，加在预制好的色谱柱上端。洗脱剂需先加固定液混合使之饱和，以避免洗脱过程中两相分配的改变。

六、问题与讨论

1. 简述柱色谱分析的特点及应用范围。
2. 流动相的选择应注意什么？

实验八　纸色谱法

一、实验目的

学习和掌握纸色谱法的基本原理和操作方法。

二、实验原理

纸色谱法，又称纸层析法，是目前广泛应用的一种分离技术。

纸层析法依据极性相似相溶原理，是以滤纸纤维的结合水为固定相，以有机溶剂作为流动相，由于样品中各物质分配系数不同，因而扩散速度不同，从而达到分离的目的。

供试品经展开后，可用比移值（R_f）表示其各组成成分的位置（比移值＝原点中心至斑点中心的距离/原点中心至展开剂前沿的距离)，但由于影响比移值的因素较多，因而一般采用在相同实验条件下与对照物质的对比以确定其异同。用于药品的鉴别时，供试品在色谱中所显主斑点的颜色（或荧光）与位置，应与对照品在色谱中所显的主斑点相同。用于药品的纯度检查时，可取一定量的供试品，经展开后，按各药品项下的规定，检视其所显杂斑点的个数或呈色（或荧光）的强度。用于药品的含量测定时，将主色谱斑点剪下洗脱后，再用适宜的方法测定。

应用：通常可用于叶绿素的色素成分检验，氨基酸的鉴定及测定，橘皮精油成分检验及一些特定细胞筛查等实验。

纸色谱法在实际操作中又分为下行法和上行法。

下行法：将供试品溶解于适当的溶剂中制成一定浓度的溶液。用微量吸管或微量注射器吸取溶液，点于点样基线上，溶液宜分次点加，每次点加后，将其自然干燥、低温烘干或经温热气流吹干，样点直径为2～4mm，点间距离约为1.5～2.0cm，样点通常应为圆形。将点样后的色谱滤纸上端放在溶剂槽内并用玻璃棒压住，使色谱纸通过槽侧玻璃支持自然下垂，点样基线在支持棒下数厘米处。展开前，展开室内用各品种项下规定的溶剂的蒸气使之饱和，一般可在展开室底部放一装有规定溶剂的平器或将浸有规定溶剂的滤纸条附着在展开室内壁上，放置一定时间，让溶剂挥发使室内充满饱和蒸气。然后添加展开剂浸没溶剂槽内的滤纸，展开剂即经毛细管作用沿滤纸移动进行展开，展开至规定的距离后，取出滤纸，标明展开剂前沿位置，令展开剂挥发后按规定方法检出色谱斑点。

上行法：点样方法同下行法。展开室内加入展开剂适量，放置令展开剂蒸气饱和后，再下降悬钩，使色谱滤纸浸入展开剂约0.5cm，展开剂即经毛细管作用沿色谱滤纸上升，除另有规定外，一般展开至约15cm后，取出晾干，按规定方法检视。展开可以向一个方向进行，即单向展开；也可进行双向展开，即先向一个方向展开，取出，令展开剂完全挥发后，将滤纸转动90°，再用原展开剂或另一种展开剂进行展开；亦可多次展开、连续展开或径向展开等。

三、仪器与药品

1. 仪器

展开室，点样器，试管，天平，研钵（配带孔纸板，防止丙酮挥发），量筒，烧杯，漏斗，软木塞，滤纸。

2. 药品

丙酮（可用无水乙醇替代），四氯化碳，无水硫酸钠，碳酸钙，石英砂，新鲜的菠菜叶、青菜叶、大叶黄杨叶片。

四、实验步骤

1、仪器使用

① 展开室　通常为圆形或长方形玻璃缸，缸上具有磨口玻璃盖，应能密闭。用于下行法时，盖上有孔，可插入分液漏斗，用以加入展开剂。在近顶端有一用支架架起的玻璃槽作为展开剂的容器，槽内有一玻璃棒，用以压住色谱滤纸；槽的两侧各支一玻璃棒，用以支持色谱滤纸使用时自然下垂，避免展开剂沿滤纸与溶剂槽之间发生虹吸现象。用于上行法时，在盖上的孔中加塞，塞中插入玻璃悬钩，以便将点样后的色谱滤纸挂在钩上，并除去溶剂槽和支架，如图3.4。

② 点样器　常用具有支架的微量注射器或定量毛细管，应能使点样位置正确、集中。

③ 滤纸　质地均匀平整，具有一定机械强度，不含影响展开效果的杂质；也不应与所用显色剂起作用，以致影响分离和鉴别效果，必要时可进行处理后再用。用于下行法时，取色谱滤纸按纤维长丝方向切成适当大小的纸条，离纸条上端适当的距离（使色谱纸上端能足够浸入溶剂槽内的展开剂中，并使点样基线能在溶剂槽侧的玻璃支持下数厘米处）用铅笔划一点样基线，必要时，可在色谱滤纸下端切成锯齿形便于展开剂滴下。用于上行法时，色谱滤纸长约25cm，宽度则按需要而定，必要时可将色谱滤纸卷成筒形；点样基线距底边约2.5cm。

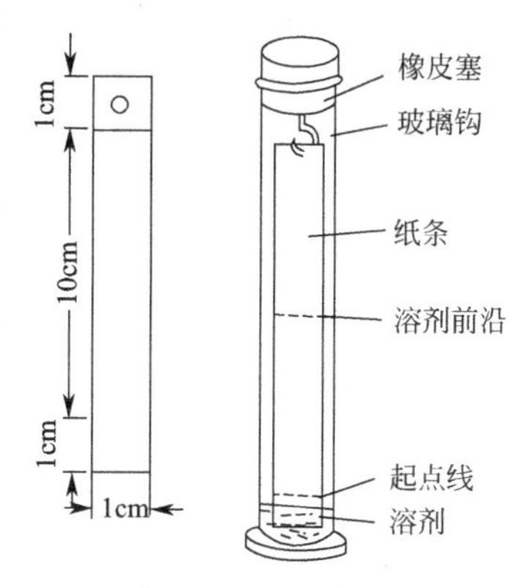

图 3.4　柱色谱装置

2. 纸层析实验步骤

① 称取新鲜叶子2g，放入研钵中加丙酮5mL，少许碳酸钙（防止叶绿素被破坏）和石英砂（帮助研磨），研磨成匀浆，再加丙酮5mL，然后以漏斗过滤之，即为色素提取液。

② 取准备好的滤纸条（2cm×20cm），将其一端剪去两侧，中间留一长约1.5cm、宽约0.5cm的窄条，并在滤纸剪口上方折叠出一条直线，作为画滤液细线的基准线。

③ 用点样器沾少许滤液在折线上描绘4～5次，注意要画得匀、直、细，每次画完细线要等 其自然变干后再画第二根线。

④ 在展开室中加入四氯化碳3～5mL及少许无水硫酸钠（即层析液）。使窄端浸入溶剂中（色素点要略高于液面，滤纸条边缘不可碰到展开室内壁），盖好展开室盖子，直立于阴暗处进行层析。经过0.5～1h后，观察分离后色素带的分布。最上端橙黄色为胡萝卜素，其次黄色为叶黄素，再下面蓝绿色为叶绿素a，最后的黄绿色为叶绿素b。

五、注意事项

1. 层析纸使用前，应在烘箱中干燥，具体方法为100℃的温度下，烘1～2小时。否则会产生拖尾现象。

2. 画线时只能使用铅笔，不能使用其他的笔。其他笔的颜色为有机染料，在有机溶剂中染料溶解，颜色会产生干扰。

3. 无论是画线还是点样，不能用手接触层析纸前沿线以下的任何的部位，因为手指上有相当量的氨基酸，并足以在本实验方法中检出干扰实验。

4. 纸层析须在密闭容器中展开。加入展开剂后，再等20分钟左右，使标本缸内形成此溶液的饱和蒸气。

六、问题与讨论

1. 展开剂的液面高出滤纸上的样点，将会产生什么后果?

2. 纸色谱为什么要在密闭的容器中进行?

3. 纸层析中影响 R_f 值的因素有哪些?

实验九　溶液的配制

一、实验目的

1. 掌握固体溶质、液体溶质的溶液配制。

2. 掌握容量瓶的使用。

二、仪器与药品

1. 仪器

烧杯，容量瓶，玻璃棒，胶头滴管，托盘天平，分析天平，药匙（固体溶质使用），移液管（液体溶质使用）。

2. 药品

Na_2CO_3（0.1mol/L），浓盐酸。

三、实验步骤

1. 固体溶质溶液配制

全过程有计算、称量、溶解、冷却、转移、洗涤、定容、摇匀/装瓶八个步骤。八字方针：计、量、溶、冷、转、洗、定、摇。

以 0.1mol/LNa_2CO_3 溶液 500mL 为例说明溶液的配制过程。

① 计算：Na_2CO_3 物质的量＝0.1mol/L×0.5L＝0.05mol，由 Na_2CO_3 摩尔质量 106g/mol，则 Na_2CO_3 质量＝0.05mol×106g/mol＝5.3g。

② 称量：用分析天平称量 5.300g，注意托盘天平、分析天平的使用。

③ 溶解：在烧杯中用 100mL 蒸馏水使之完全溶解，并用玻璃棒搅拌（注意：应冷却，不可在容量瓶中溶解）。

④ 转移、洗涤：把溶解好的溶液移入 500mL 容量瓶，由于容量瓶瓶口较细，为避免溶液洒出，同时不要让溶液在刻度线上面沿瓶壁流下，用玻璃棒引流。为保证溶质尽可能全部转移到容量瓶中，应该用蒸馏水洗涤烧杯和玻璃棒二、三次，并将每次洗涤后的溶液都注入容量瓶中（用玻璃棒引流）。轻轻振荡容量瓶，使溶液充分混合。

⑤ 定容：加水到接近刻度 2～3 厘米时，改用胶头滴管加蒸馏水到刻度，这个操作叫定容。定容时要注意溶液凹液面的最低处和刻度线相切，眼睛视线与刻度线呈水平，不能俯视或仰视，否则都会造成误差。

⑥ 摇匀：定容后的溶液浓度不均匀，要把容量瓶瓶塞塞紧，用食指顶住瓶塞，用另一只手的手指托住瓶底，把容量瓶倒转和摇动多次，使溶液混合均匀。这个操作叫做摇匀。

⑦ 贴上标签：把定容后的 Na_2CO_3 溶液摇匀。把配制好的溶液倒入试剂瓶中，盖上瓶塞，贴上标签。

2. 液体溶质溶液配制

例：有 2mol/L 的盐酸溶液如何稀释成 0.5mol/L 的 500mL 盐酸溶液。

① 计算：$c_1V_1=c_2V_2$。c_1 为溶液摩尔浓度；c_2 为欲配溶液摩尔浓度；V_1 为溶液体积；V_2 为欲配溶液体积。

② 量取：用量筒或者移液管量取 V_2 体积的盐酸溶液。

③ 溶解：在烧杯中用 100mL 蒸馏水使之完全溶解，并用玻璃棒搅拌（注意：应冷却，不可在容量瓶中溶解）。

④ 转移、洗涤：把溶解好的溶液移入 500mL 容量瓶，由于容量瓶瓶口较细，为避免溶液洒出，同时不要让溶液在刻度线上面沿瓶壁流下，用玻璃棒引流。为保证溶质尽可能全部转移到容量瓶中，应该用蒸馏水洗涤烧杯和玻璃棒二、三次，并将每次洗涤后的溶液都注入容量瓶中（用玻璃棒引流）。轻轻振荡容量瓶，使溶液充分混合。

⑤ 定容：加水到接近刻度 2～3 厘米时，改用胶头滴管加蒸馏水到刻度，这个操作叫定

容。定容时要注意溶液凹液面的最低处和刻度线相切，眼睛视线与刻度线呈水平，不能俯视或仰视，否则都会造成误差。

⑥ 摇匀：定容后的溶液浓度不均匀，要把容量瓶瓶塞塞紧，用食指顶住瓶塞，用另一只手的手指托住瓶底，把容量瓶倒转和摇动多次，使溶液混合均匀。这个操作叫做摇匀。

⑦ 贴上标签：把定容后的盐酸溶液摇匀。把配制好的溶液倒入试剂瓶中，盖上瓶塞，贴上标签。

四、注意事项

1. 容量瓶是刻度精密的玻璃仪器，不能用来溶解。

2. 溶解完溶质后，溶液要放置冷却到常温再转移。

3. 溶解用烧杯和搅拌引流用玻璃棒都需要在转移后洗涤两三次。

4. 把小烧杯中的溶液往容量瓶中转移，由于容量瓶的瓶口较细，为避免溶液洒出，同时不要让溶液在刻度线上面沿瓶壁流下，用玻璃棒引流。

5. 定容时要注意溶液凹液面的最低处和刻度线相切，眼睛视线与刻度线呈水平，不能俯视或仰视，否则都会造成误差，俯视使溶液体积偏小，使溶液浓度偏大。仰视使溶液体积偏大，使溶液浓度偏小。

6. 定容一旦加入水过多，则配制过程失败，不能用吸管再将溶液从容量瓶中吸出到刻度。

7. 摇匀后，发现液面低于刻线，不能再补加蒸馏水，因为用胶头滴管加入蒸馏水定容到液面正好与刻线相切时，溶液体积恰好为容量瓶的标定容量。摇匀后，竖直容量瓶时会出现液面低于刻线，这是因为有极少量的液体沾在瓶塞或磨口处。所以摇匀以后不需要再补加蒸馏水，否则所配溶液浓度偏低。

五、问题与讨论

1. 在配制溶液的过程中哪些操作可能引起溶液浓度的误差？

2. 配制 $FeSO_4$、$FeCl_3$ 溶液时需要注意什么？

实验十　酸碱滴定

一、实验目的

1. 用已知浓度溶液（盐酸标准溶液）测定未知溶液（NaOH 待测溶液）浓度。

2. 掌握酸式滴定管的使用。

二、实验原理：

$$c(\text{标})\times V(\text{标})=c(\text{待})\times V(\text{待})\text{（假设反应计量数之比为 1∶1）}$$

本实验为：$c(H^+)V(\text{酸})=c(OH^-)V(\text{碱})$

三、仪器与药品

1. 仪器

酸式滴定管，碱式滴定管，锥形瓶，铁架台（含滴定管夹）。

2. 药品

盐酸标准溶液（0.1000mol/L），未知浓度的 NaOH 溶液（待测溶液），酸碱指示剂酚酞（变色范围 8～10）或者甲基橙（3.1～4.4）。

四、实验步骤

1. 滴定前的准备阶段

① 检漏：检查滴定管是否漏水。将酸式滴定管加水，关闭活塞，静止放置5min，查看是否有水漏出。若漏水，必须在活塞上涂抹凡士林，注意不要涂太多，以免堵住活塞口。碱式滴定管检漏方法是将滴定管加水，关闭活塞，静置5min，查看是否有水漏出。如果有漏，必须更换橡皮管。

② 洗涤：先用蒸馏水洗涤滴定管，再用待装液润洗2～3次。锥形瓶用蒸馏水洗净即可，不得润洗，也不需烘干。

③ 量取：用碱式滴定管量出一定体积（如20.00mL）的未知浓度的NaOH溶液（注意，调整起始刻度在0或者0刻度以下）注入锥形瓶中。

用酸式滴定管量取标准液盐酸，赶尽气泡，调整液面，使液面恰好在0刻度或0刻度以下某准确刻度，记录读数V_1，读至小数点后第二位 。

2. 滴定阶段

① 把锥形瓶放在酸式滴定管的下面，向其中滴加1～2滴酚酞（如颜色不明显，可将锥形瓶放在白瓷板上或者白纸上）。将滴定管中溶液逐滴滴入锥形瓶中，滴定时，右手不断旋摇锥形瓶，左手控制滴定管活塞，眼睛注视锥形瓶内溶液颜色的变化，直到滴入一滴盐酸后溶液变为无色且半分钟内不恢复原色。此时，氢氧化钠恰好完全被盐酸中和，达到滴定终点。记录滴定后液面刻度V_2。

② 把锥形瓶内的溶液倒入废液缸，用蒸馏水把锥形瓶洗干净，将上述操作重复2～3次。

3. 数据记录与处理（表1）

表1 酸碱滴定

滴定次数	待测酸溶液的体积/mL		标准碱溶液的体积/mL
	滴定前V_1	滴定后V_2	(V_2-V_1)
第一次			
第二次			
第三次			

4. 实验结果处理：

$$c(\text{待})=c(\text{标})V(\text{标})/V(\text{待})$$

注意取几次平均值。

五、注意事项

误差分析方法：$c(\text{待})=c(\text{标})V(\text{标})/V(\text{待})$。视$c$（标）为定值、$V$（待）为准确测量值，把一切造成误差的原因都转嫁到对V（标）读数的影响上。凡导致标准液体积读数偏大，则待测溶液浓度偏大。凡导致标准液体积读数偏小，则待测溶液浓度偏小（见上面分析实例，锥形瓶润洗，导致碱的量偏多，会消耗更多的标准酸的体积，所以V（酸）读数偏大，则待测液浓度计算结果也偏大。体会明白后，误差分析易如反掌）。

六、问题与讨论

1. 哪些操作会造成结果误差偏小？分析原因。
2. 哪些操作会造成结果误差偏大？分析原因。

实验十一　氯化钠的提纯

一、实验目的

1. 掌握用化学方法提纯粗食盐的原理和方法。

2. 熟练溶解、沉淀、常压过滤、减压过滤、蒸发浓缩、结晶和干燥等基本操作。

3. 熟练电子天平和酒精灯的使用。

4. 了解 Mg^{2+}、Ca^{2+}、SO_4^{2-} 等离子的定性鉴定。

5. 了解盐类溶解度的知识在无机物提纯中的应用以及沉淀平衡原理的应用。

二、实验原理

化学试剂或药用的氯化钠都是以粗食盐为原料提纯的。粗盐中含有泥沙等不溶性杂质，以及 Mg^{2+}、K^+、Ca^{2+}、SO_4^{2-} 等可溶性杂质。将粗盐溶于水后，不溶性杂质可以用过滤的方法除去。Mg^{2+}、Ca^{2+}、SO_4^{2-} 需要用化学方法才能除去，选择适当的沉淀剂，使其生成难溶物沉淀后过滤除去。有关的化学式如下：

$$SO_4^{2-}(aq) + Ba^{2+}(aq) = BaSO_4(s)\downarrow$$

$$Ca^{2+}(aq) + CO_3^{2-}(aq) = CaCO_3(s)\downarrow$$

$$Ba^{2+}(aq) + CO_3^{2-}(aq) = BaCO_3(s)\downarrow$$

$$2Mg^{2+}(aq) + CO_3^{2-}(aq) + 2OH^-(aq) = Mg(OH)_2 \cdot MgCO_3(s)\downarrow$$

过量的 Na_2CO_3 溶液用 HCl 将溶液调至微酸性以中和 OH^- 和破坏 CO_3^{2-}。

$$OH^- + H^+ = H_2O$$

$$CO_3^{2-} + 2H^+ = CO_2\uparrow + H_2O$$

粗食盐中的钾离子和这些沉淀剂不起作用，仍留在溶液中。但由于 KCl 溶解度比 NaCl 大，而且在粗食盐中含量少，在最后的浓缩结晶过程中，绝大部分 K^+ 仍留在母液中而与氯化钠分离，从而达到提纯的目的。

三、仪器与药品

1. 仪器

电子天平，烧杯，普通漏斗，布氏漏斗，吸滤瓶，循环水真空泵，蒸发皿，量筒，酒精灯，石棉网，泥三角，坩埚钳，玻璃棒，pH 试纸，滤纸。

2. 药品

粗食盐，Na_2CO_3(1.0mol/L)，NaOH(2.0mol/L)，$(NH_4)_2C_2O_4$(0.5mol/L)，HCl(2.0mol/L)，$BaCl_2$(1.0mol/L)，镁试剂（对硝基偶氮间苯二酚）。

四、实验步骤

1. 粗盐的提纯

(1) 粗盐的溶解

在电子天平上称量粗食盐 8.0g，放入 250mL 烧杯中，加 30mL 去离子水。加热、搅拌使粗盐溶解。

(2) SO_4^{2-} 及泥沙的除去

在煮沸的食盐溶液中，边搅拌边逐滴加入 1.0mol/L $BaCl_2$ 溶液（约 2mL），直至 SO_4^{2-} 沉淀完全为止。为了检验沉淀是否完全，可将酒精灯移开，待沉淀沉降后，在上层清液中加入1～2滴$BaCl_2$溶液，观察是否有浑浊现象，如无浑浊，说明SO_4^{2-}已沉淀完全，否则要继续加入$BaCl_2$溶液，直到沉淀完全为止。然后小火继续加热近沸约5分钟（加热时烧杯盖上表面皿，同时注意溶液的量，必要时须补充适量水分，以防食盐析出），以使沉淀颗粒长大而便于过滤。用普通漏斗进行常压过滤，保留滤液，弃去沉淀及原不溶性杂质。

（3）Ca^{2+}、Mg^{2+}、Ba^{2+}等离子的除去

将所得的滤液加热至近沸，边搅拌边向滤液中滴加2.0mol/L NaOH溶液约1mL和1.0mol/L Na_2CO_3溶液约3mL。待沉淀沉降后，用Na_2CO_3溶液检查沉淀是否完全。在上层清液中加几滴Na_2CO_3溶液，如果出现浑浊，表示Ca^{2+}、Mg^{2+}、Ba^{2+}等阳离子未除尽，需在原溶液中继续加入Na_2CO_3溶液直至除尽为止。用普通漏斗过滤，保留滤液，弃去沉淀。

（4）过量CO_3^{2-}的除去

在滤液中加入2.0mol/L HCl溶液，充分搅拌，并用玻璃棒沾取滤液在pH试纸上试验，直到溶液呈微酸性（pH≈6）为止。

（5）浓缩和结晶

将滤液转移到蒸发皿中，小火加热并不断搅拌，防止液体溅出，蒸发浓缩至溶液呈黏稠状为止，但切不可将溶液蒸干。将浓缩液冷却至室温，用布氏漏斗减压过滤。再将晶体转移到蒸发皿中，在石棉网上用小火加热，进行干燥。

（6）计算产率

冷却后，称其质量，计算产率。

2. 产品纯度的检验

将粗盐和提纯后的食盐各1.0g，分别溶解于5mL去离子水中，然后各分成三份，盛于试管中。按下面的方法对照检验它们的纯度。

（1）SO_4^{2-}的检验

加入1.0mol/L $BaCl_2$溶液2滴，观察有无白色的$BaSO_4$沉淀生成。

（2）Ca^{2+}的检验

加入0.5mol/L $(NH_4)_2C_2O_4$溶液2滴，观察有无白色的CaC_2O_4沉淀生成。

（3）Mg^{2+}的检验

加入2.0mol/L NaOH溶液2～3滴，使溶液呈碱性，再加入几滴镁试剂（对硝基偶氮间苯二酚）。若有蓝色沉淀生成，表示Mg^{2+}存在。

3. 数据记录与处理（表1）

表1　氯化钠提纯

检验项目	检验方法	实验现象	
		粗食盐	纯NaCl
SO_4^{2-}	加入$BaCl_2$溶液		
Ca^{2+}	加入$(NH_4)_2C_2O_4$溶液		
Mg^{2+}	加入NaOH溶液和镁试剂		

五、注意事项

镁试剂是一种有机染料，它在酸性溶液中呈黄色，在碱性溶液中呈红色或紫色，但被$Mg(OH)_2$沉淀吸附后，则呈天蓝色，因此可以用来检验Mg^{2+}的存在。

六、问题与讨论

1. 为什么 NaCl 不用重结晶的方法进行纯化？

2. 在除去 Mg^{2+}、Ca^{2+}、SO_4^{2-} 时，为什么先加 $BaCl_2$ 溶液除 SO_4^{2-}，后加 Na_2CO_3 溶液除 Mg^{2+} 和 Ca^{2+}？如果把顺序颠倒一下，先加 Na_2CO_3 溶液除 Mg^{2+} 和 Ca^{2+}，后加 $BaCl_2$ 溶液除 SO_4^{2-}，是否可行？

实验十二　无机纸上色谱

一、实验目的

1. 学习无机纸上色谱法的基本实验原理与方法。

2. 了解纸上色谱法来分离鉴定 Cu^{2+}、Fe^{3+}、Co^{2+} 和 Ni^{2+} 等金属离子的实验方法。

二、实验原理

在吸有溶剂的滤纸（作为固定相）和由于毛细管作用而顺着滤纸上移的溶剂（作为流动相）之间，不同离子会有一定的分配关系。如果以一段时间后溶剂向上移动的距离为 1，由于固定相的作用后的离子均达不到这一高度，只能得到一个小于 1 的 R_f 值。每种离子的 R_f 值不同，从而可以达到分离这些离子的目的，从而进一步鉴定它们。

三、仪器与药品

1. 仪器

广口瓶（250mL 2 个），量筒（50mL），烧杯（50mL 5 个，300mL 1 个），镊子，点滴板，搪瓷盘（30cm×50cm）。

2. 药品

HCl 溶液（浓），$NH_3 \cdot H_2O$（浓），$FeCl_3$（0.1mol/L），$CoCl_2$（1mol/L），$NiCl_2$（1mol/L），$CuCl_2$（1mol/L），$K_4[Fe(CN)_6]$（0.1mol/L），$K_3[Fe(CN)_6]$（0.1mol/L），丙酮。

3. 材料

7.5cm×11.0cm 色层滤纸 1 张，普通滤纸 1 张，毛细管 5 根。

四、实验步骤

1. 准备工作

① 在一个 250mL 广口瓶中加入 17mL 丙酮，2mL 浓 HCl 及 1mL 去离子水，配制成展开液（作为流动相），盖好瓶盖。

② 在另一个 250mL 广口瓶中放入一个盛浓氨水的开口小滴瓶，盖好广口瓶。

③ 在长 11.0cm、宽 7.5cm 的滤纸上，用铅笔画 4 条间隔为 1.5cm 的竖线平行于长边，在纸条上端 1.0cm 处和下端 2.0cm 处各画出一条横线，在纸条上端画好的各小方格内标出 Fe^{3+}、Co^{2+}、Ni^{2+}、Cu^{2+} 和未知液等 5 种样品的名称。最后按 4 条竖线折叠成五棱柱体（如图 3.5 所示）。

④ 在 5 个干净、干燥的烧杯中分别滴几滴 0.1mol/L $FeCl_3$ 溶液、1mol/L $CoCl_2$ 溶液、1mol/L $NiCl_2$ 溶液、1.0mol/L $CuCl_2$ 溶液及未知液（未知液是由前四种溶液中任选几种，以等体积混合而成）。再各放入 1 支点样毛细管点样。

⑤ 点样练习，先取一片普通滤纸做练习点样用。用毛细管吸取金属离子溶液后垂直接触到滤纸上，当滤纸上形成直径约为 0.3～0.5cm 的圆形斑点时，迅速提起毛细管。反复进

行点样练习，直到能点出直径约为 0.3～0.5cm 的斑点为止。

⑥ 按所标明的离子名称，在滤纸下端横线上分别点样。将点样后的滤纸置于通风处晾干。

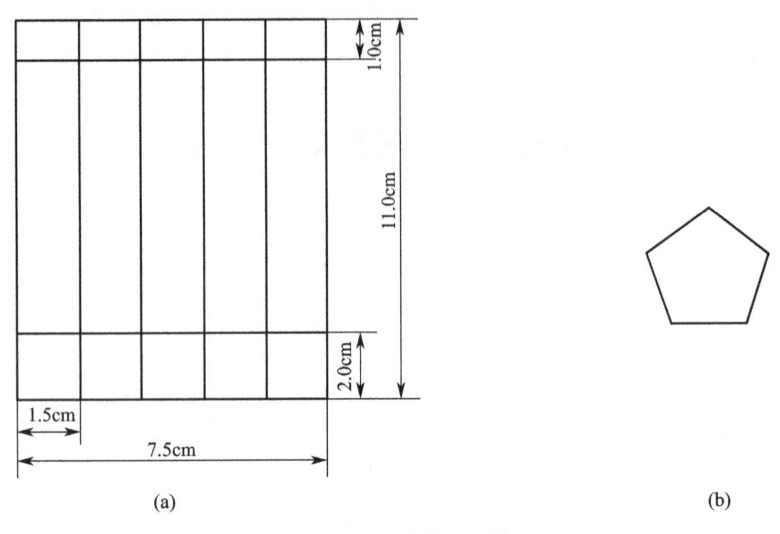

图 3.5 五棱柱体的制作

2. 展开

沿滤纸上的折痕重新折起滤纸。用镊子将滤纸五棱柱体垂直放入装好展开液的广口瓶中，盖好瓶盖，观察各种金属离子在滤纸上展开的速度和颜色。当展开剂前沿接近纸上端横线时，用镊子将滤纸取出，标记好溶剂前沿的位置，然后放入搪瓷盘中，于通风处晾干。

3. 斑点显色

当金属离子的斑点无色或颜色较浅时，则需要加上该种离子的显色剂，使离子斑点呈现出自身特征的颜色。以上的几种离子可采用下面的方法显色：

① 将滤纸置于充满 NH_3 的广口瓶上，5min 以后取出滤纸，观察并记录斑点的颜色和位置。其中 Ni^{2+} 的颜色较浅，可用毛细管蘸取丁二酮肟溶液快速涂抹，记录 Ni^{2+} 所形成斑点的颜色和位置。

② 将滤纸放在搪瓷盘中，用毛细管蘸取 0.1mol/L $K_4[Fe(CN)_6]$ 溶液向纸上涂抹，观察并记录斑点的颜色。

4. 确定未知液中含有的离子

观察未知离子溶液在滤纸上形成斑点的个数、颜色和位置，再与已知离子斑点的颜色和位置进行对照，即可确定未知液中含有的金属离子。

5. R_f 值的测定

用尺子分别测量展开液移动的距离和金属离子移动的距离，便可计算出 4 种离子的 R_f 值。

6. 数据记录与处理（表 1）

① 展开液的组成与配比（体积比）：

丙酮∶浓盐酸∶水＝______________________。

② 已知离子斑点的颜色和 R_f 值：

表 1　R_f 值的测定

项　　目		Fe^{3+}	Co^{2+}	Ni^{2+}	Cu^{2+}
斑点颜色	$K_4[Fe(CN)_6]$				
	$NH_3(g)$				
展开液前沿移动的距离(b)/cm					
金属离子前沿移动的距离(a)/cm					
R_f					

③ 未知溶液中含有的金属离子为：________________。

五、注意事项

纸上色谱法是以滤纸为载体，滤纸的基本成分是一种极性纤维素，它对水等极性溶剂有很强的亲和力，滤纸能吸附约占本身质量 20%的水分。这部分水保持固定，称为固定相；有机溶剂借滤纸的毛细管作用在固定相的表面上流动，称为流动相。流动相的移动引起试样中各组分的不同的迁移。

六、问题与讨论

1. 实验取出色谱纸后，为什么要及时画下展开剂前沿位置？且需要使用铅笔而非钢笔？
2. 展开剂的成分对展开效果有何影响？

第四章

化学原理及化学平衡实验

实验一　醋酸解离常数的测定

一、实验目的

1. 学习和掌握酸度计测定醋酸解离常数的原理和测定方法。
2. 理解并掌握解离平衡、解离度的概念。
3. 学习酸度计的使用方法。

二、实验原理

1. 测量原理

醋酸（HAc）是一元弱酸，本实验通过测定不同浓度的醋酸的 pH 来求算醋酸的标准解离常数。醋酸在水中存在如下解离平衡：

$$HAc + H_2O \rightleftharpoons H_3O^+ + Ac^-$$

在一定的温度下，这个过程很快达到了平衡，平衡常数的表达式为：

$$K_a^{\ominus}(HAc) = [c(H_3O^+)/c^{\ominus}][c(Ac^-)/c^{\ominus}]/[c(HAc)/c^{\ominus}]$$

式中，$c(H_3O^+)$、$c(Ac^-)$、$c(HAc)$ 分别为 H_3O^+、Ac^-、HAc 的平衡浓度。

若弱酸 HAc 的初始浓度为 c_0，且忽略水的解离，则平衡时：

$$c(HAc) = c_0 - x$$

$$c(H_3O^+) = c(Ac^-) = x$$

$$K_a^{\ominus}(HAc) = \frac{x^2}{c_0 - x}$$

在一定温度下，用酸度计测定一系列已知浓度的醋酸溶液的 pH。

根据 $pH = -\lg c(H_3O^+)$，可换算出相应的 $c(H_3O^+)$，即 x，将 $c(H_3O^+)$ 的不同值代入上式，可求出一系列对应的 $K_a^{\ominus}(HAc)$ 值，取其平均值，即为该温度下醋酸的解离常数。

2. 仪器工作原理（PHS-3B 型精密酸度计）

仪器使用的 E-201-C9 复合电极是由 pH 玻璃电极与 Ag-AgCl 电极组成，玻璃电极作为测量电极，Ag-AgCl 电极作为参比电极，当被测溶液氢离子浓度发生变化时，玻璃电极和 Ag-AgCl 电极之间的电动势也随之变化，而电动势变化关系符合下列公式：

$$\Delta E(mV) = 59.16mV \times \frac{273 + t}{298} \times \Delta pH$$

式中，ΔE 为电动势的变化量，mV；ΔpH 为溶液 pH 值的变化量；t 为被测溶液的温度，℃。

从上式可见，复合电极电动势的变化，正比于被测溶液的 pH 值的变化，仪器经标准缓冲溶液校准后，即可测量溶液的 pH 值。

三、仪器与药品

1. 仪器

酸度计（其配套的指示电极是玻璃电极），酸式滴定管，烧杯，吸量管，移液管，锥形瓶。

2. 药品

醋酸溶液（0.1mol/L），酚酞指示剂。

四、实验步骤

1. 配制不同浓度的醋酸溶液

将 4 只干净的小烧杯，用滴定管依次加入已知浓度的醋酸溶液 50.00mL、25.00mL、5.00mL 和 2.50mL，再用另一滴定管依次加入 0.00mL、25.00mL、45.00mL 和 47.50mL 蒸馏水，并分别搅拌均匀。并计算 4 个烧杯中醋酸溶液的准确浓度。

2. 不同浓度醋酸溶液 pH 的测定

用 pH 计按 1～4 号烧杯（HAc 浓度由小到大）的顺序，依次测定醋酸溶液的 pH，并记录实验数据（保留两位有效数字）。

3. 计算醋酸溶液的（标准）解离常数 $K_a^\ominega$(HAc)

根据实验数据计算出各溶液的电离度和电离平衡常数 $K_a^\ominus$(HAc)，求出平均值。

由实验可知：在一定的温度条件下，醋酸的解离常数为一个定值，与溶液的浓度无关。

4. 数据记录与处理（表 1）

表 1　醋酸解离常数的测定

编号	V(HAc)/mL	$V(H_2O)$/mL	c(HAc)/(mol/L)	pH	$c(H_3O^+)$/(mol/L)	$c(Ac^-)$/(mol/L)	c(HAc)/(mol/L)	$K_a^\ominus$(HAc)
1	2.50	47.50						
2	5.00	45.00						
3	25.00	25.00						
4	50.00	0.00						

五、注意事项

1. 在对酸度计的定位完成后，不能再动定位调节旋钮，否则应重新定位。

2. 测定醋酸溶液前应将复合电极用蒸馏水清洗并用滤纸将玻璃表面水分吸干。

3. 测定醋酸溶液的 pH 时应按由稀到浓的顺序进行测定，以避免可能残留在电极上的浓酸对稀酸 pH 产生影响造成误差。

六、问题与讨论

1. 实验所用烧杯、移液管（或吸量管）各用哪种 HAc 溶液润洗？容量瓶是否要用 HAc 溶液润洗？为什么？

2. 用 pH 计测量溶液的 pH 时，各用什么标准溶液校准？

3. 测定 HAc 溶液的 pH 时，为什么要按 HAc 浓度由小到大的顺序测定？

实验二　二氧化碳分子量的测定

一、实验目的

1. 学习和掌握理想气体状态方程式和阿伏加德罗定律。

2. 掌握气体的发生、净化等基本原理和操作方法。

3. 学习启普发生器的工作原理和使用方法。

4. 学习水银气压计的使用方法。

二、实验原理

根据阿伏加德罗定律，在同温同压下，同体积的任何气体含有相同数目的分子。对于P、V、T相同的A、B两种气体。若以m_A、m_B分别代表A、B两种气体的质量，M_A、M_B分别代表A、B两种气体的摩尔质量。其理想气体状态方程式分别为：

气体A：　$PV=(m_A/M_A)RT$

气体B：　$PV=(m_B/M_B)RT$

由两式得　$m_A : m_B=M_A : M_B$

于是得出结论：在同温同压下，同体积的两种气体的质量之比等于其摩尔质量之比，即$n_1=n_2$，由于摩尔质量数值就是该分子的分子量，故摩尔质量之比也等于其分子量之比。

因此，同温同压下，同体积二氧化碳与空气在相对条件下的质量，便可根据上式求出二氧化碳的分子量，即：

$$M_{rCO_2}=(m_{CO_2}/m_{Air})\times 29.0$$

式中，29.0是空气的分子量；体积为V的二氧化碳质量m_{CO_2}可直接利用分析天平称量；同体积空气的质量可根据实验时测得的大气压P和温度T，利用理想气体状态方程式计算得到。

三、仪器与药品

1. 仪器

启普发生器，洗气瓶，锥形瓶（250mL），分析天平，台秤，气压计，量筒（100mL），大烧杯，橡皮管，导气管，橡胶塞。

2. 药品

浓硫酸，盐酸（6mol/L），大理石（或石灰石），$NaHCO_3$（饱和）。

四、实验步骤

① 按图4.1装好气体的发生、净化和收集装置。打开启普发生器的旋塞，使反应开始，

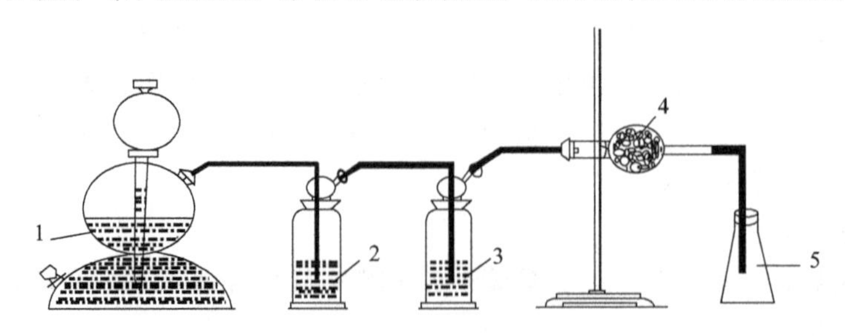

图4.1　二氧化碳的发生和净化装置

1—大理石＋稀盐酸；2—饱和$NaHCO_3$；3—浓H_2SO_4；4—无水$CaCl_2$；5—收集器

持续5min以赶出仪器中的空气。然后关闭旋塞备用。注意：两个洗气瓶中的溶液以浸过导气管口1～1.5cm为宜，否则压力太大会使启普发生器停止反应。

② 取一个洁净、干燥100mL的锥形瓶，选合适的塞子塞紧，用圆珠笔在锥形瓶口上沿与塞子接触部位画一条线，以标记塞子的位置，每次操作都塞到这一位置。注意，在此后的操作中不要用手直接触摸到锥形瓶，应垫上洁净的纸片再拿锥形瓶。

③ 在分析天平上准确称量“锥形瓶+塞子+空气”的质量之和m_1，称准到第四位小数。

④ 将锥形瓶的塞子放在一干冷的纸片上。将导气管插入锥形瓶底部，打开启普发生器的旋塞，收集CO_2气体1～2min，（注意CO_2的流速不宜过小，若气流不足，通气时间过长，反而不易装满二氧化碳。产生CO_2的速度与使用的$CaCO_3$有关，实验前要检验CO_2的生成速度）。然后缓慢取出导气管，用原塞子塞紧瓶口（注意，应与原来塞入瓶口的位置相同）。在分析天平上称量“锥形瓶 + 塞子 + CO_2”的质量m_2。

⑤ 重复④的操作，直至两次称量值相差不大于1mg。

⑥ 向锥形瓶中注满水，然后将瓶塞塞入至原来位置（必要时将一细金属丝放入瓶口，按压橡胶塞放出多余的水后再抽出金属丝。切勿直接用力按压，以防将锥形瓶压碎），用吸水纸擦干瓶外各处的水，在台秤上称其质量m_3。将实验结果记录在表中。

⑦ 数据记录与处理（表1）

表1　二氧化碳分子量的测定

项　　目	数　　据	项　　目	数　　据
室温/℃		瓶的容积$V=[(m_3-m_1)/1.00]$/mL	
气压/Pa		瓶内空气的质量m_{Air}/g	
(瓶 + 瓶塞 + 空气)的质量m_1/g		CO_2的质量m_{CO_2}/g	
(瓶 + 瓶塞 + CO_2)的质量m_2/g		CO_2的分子量M_{rCO_2}	
(瓶 + 瓶塞 + 水)的质量m_3/g		误差/%	

五、注意事项

1. 实验室安全问题。不得进行违规操作，有问题及时处理或向老师报告。

2. 分析天平的使用。注意保护天平，防止发生错误的操作。

3. 启普发生器的正确使用。

4. 气体的净化与干燥操作。

5. 本实验用工业大理石代替纯试剂$CaCO_3$制备CO_2。一是反应速度太快，难以控制；二是粉末状试剂在反应过程中极易产生泡沫随气体导出，增加净化的难度。

6. 收集气体完毕，在验满后一定要轻轻拔出导管，以避免快速抽出时搅动气体而带出。

7. 每次盖塞时一定注意塞子的位置（以标记为准）。

8. 确定锥形瓶的体积时，水里面不能有气泡。在台秤称量时，要擦干外面的水滴。

六、问题与讨论

1. 为什么装满二氧化碳的锥形瓶和软木塞的质量要在分析天平上称量，而装满水的锥形瓶和软木塞的质量可以在台秤上称量？

2. 为什么在计算锥形瓶体积时不考虑空气的质量，而在计算二氧化碳质量时却要考虑空气的质量？

3. 下列因素对实验结果有何影响？

① 锥形瓶中空气未完全被CO_2赶净；

② 盛 CO_2 的锥形瓶的塞子位置不固定；

③ 启普发生器制备出的 CO_2 净化不彻底。

实验三　氧化还原反应

一、实验目的

1. 进一步理解电极电势与氧化还原反应的关系。
2. 了解溶液的酸碱性对氧化还原反应方向和产物的影响。
3. 了解反应物浓度和温度对氧化还原反应速率的影响。
4. 掌握浓度对电极电势的影响。
5. 学习组装原电池并测定其电动势的方法。

二、实验原理

参加反应的物质间有电子转移或偏移的化学反应称为氧化还原反应。在氧化还原反应中，还原剂失去电子被氧化，元素的氧化值增大；氧化剂得到电子被还原，元素的氧化值减小。物质的氧化还原能力的大小可以根据相应电对电极电势的大小来判断。电极电势愈大，电对中的氧化型的氧化能力愈强。电极电势愈小，电对中的还原型的还原能力愈强。

根据电极电势的大小可以判断氧化还原反应的方向。当氧化剂电对的电极电势大于还原剂电对的电极电势时，即 $E_{MF}=E(\text{氧化剂})-E(\text{还原剂})>0$ 时，反应能正向自发进行。当氧化剂电对和还原剂电对的标准电极电势相差较大时（如 $E^{\ominus}_{MF}>0.2V$），通常可以用电池标准电动势判断反应的方向。

由电极反应的能斯特（Nernst）方程可以看出浓度对电极电势的影响，298.15K 时：

$$E=E^{\ominus}+\frac{0.0592V}{z}\lg\frac{c(\text{氧化型})}{c(\text{还原型})}$$

溶液的 pH 会影响有些电对的电极电势或氧化还原反应的方向。介质的酸碱性也会影响某些氧化还原反应的产物。例如，最典型的离子是 MnO_4^-，在酸性、中性和强碱性溶液中的还原产物分别为 Mn^{2+}、MnO_2 和 MnO_4^{2-}。

原电池是利用氧化还原反应将化学能转变为电能的装置。以饱和甘汞电极为参比电极，与待测电极组成原电池，用电位差计（或酸度计）可以测定原电池的电动势，然后计算出待测电极的电极电势。同样，也可以用酸度计测定铜-锌原电池的电池电动势。当有沉淀或配合物生成时，会引起电极电势和电池电动势的改变。

三、仪器与药品

1. 仪器

雷磁 25 型（或其他型号）酸度计，煤气灯，石棉网，水浴锅，饱和甘汞电极，锌电极，铜电极，饱和 KCl 盐桥，试管，试管架。

2. 药品

H_2SO_4（2mol/L），HAc（1mol/L），$H_2C_2O_4$（0.1mol/L），H_2O_2（3%），NaOH（2mol/L），$NH_3\cdot H_2O$（2mol/L），KI（0.02mol/L），KIO_3（0.1mol/L），KBr（0.1mol/L），$K_2Cr_2O_7$（0.1mol/L），$KMnO_4$（0.01mol/L），$KClO_3$（饱和），Na_2SiO_3（0.5mol/L），Na_2SO_3（0.1mol/L），$Pb(NO_3)_2$（0.5mol/L，1mol/L），$FeSO_4$（0.1mol/L），$FeCl_3$（0.1mol/L），$CuSO_4$（0.005mol/L），$ZnSO_4$（1mol/L），蓝色石蕊试纸，砂

纸，锌片。

四、实验步骤

1. 比较电对值的相对大小

按照下列简单的实验步骤进行实验，观察现象。查出有关的标准电极电势，写出反应方程式。

① 0.02mol/L KI 溶液与 0.1mol/L $FeCl_3$ 溶液的反应。

② 0.1mol/L KBr 溶液与 0.1mol/L $FeCl_3$ 溶液混合。

由实验①和②比较 $\varphi^{\ominus}(I_2/I^-)$，$\varphi^{\ominus}(Fe^{3+}/Fe^{2+})$，$\varphi^{\ominus}(Br_2/Br^-)$ 的相对大小；并找出其中最强的氧化剂和最强的还原剂。

③ 在酸性介质中，0.02mol/L KI 溶液与 5%的 H_2O_2 的反应。

④ 在酸性介质中，0.01mol/L $KMnO_4$ 溶液与 5%的 H_2O_2 的反应。

指出 H_2O_2 在实验③和④中的作用。

⑤ 在酸性介质中，0.1mol/L $K_2Cr_2O_7$ 溶液与 0.1mol/L Na_2SO_3 溶液的反应。写出反应方程式。

⑥ 在酸性介质中，0.1mol/L $K_2Cr_2O_7$ 溶液与 0.1mol/L $FeSO_4$ 溶液的反应。写出反应方程式。

2. 介质的酸碱性对氧化还原反应产物及反应方向的影响

（1）介质的酸碱性对氧化还原反应产物的影响

在点滴板的三个孔穴中各滴入 1 滴 0.01mol/L $KMnO_4$ 溶液，然后再分别加入 1 滴 2mol/L H_2SO_4 溶液和 1 滴 2mol/L NaOH 溶液，最后再分别滴入 0.1mol/L Na_2SO_3 溶液。观察现象，写出反应方程式。

（2）溶液的 pH 对氧化还原反应方向的影响

将 0.1mol/L KIO_3，溶液与 0.1mol/L KI 溶液混合，观察有无变化。再滴入几滴 2mol/L H_2SO_4 溶液，观察有何变化。再加入 2mol/L NaOH 溶液使溶液呈碱性，观察又有何变化。写出反应方程式并解释之。

3. 浓度、温度对氧化还原反应速率的影响

① 往盛有 H_2O、CCl_4 和 0.1mol/L $Fe_2(SO_4)_3$ 溶液各 0.5mL 的试管中加入 0.5mL 0.1mol/L KI 溶液，振荡后观察 CCl_4 层的颜色。

② 往盛有 CCl_4、1mol/L $FeSO_4$ 溶液和 0.1mol/L $Fe_2(SO_4)_3$ 溶液各 0.5mL 的试管中，加入 0.5mL 0.1mol/L KI 溶液，振荡后观察 CCl_4 层的颜色，与上一实验中 CCl_4 层颜色有何区别？

在实验①的试管中，加入少许 NH_4F 固体，振荡，观察 CCl_4 层颜色的变化，说明浓度对氧化还原反应的影响。

③ 在 A、B 两支试管中各加入 1mL 0.01mol/L $KMnO_4$ 溶液和 3 滴 2mol/L H_2SO_4 溶液；在 C、D 两支试管中各加入 1mL 0.1mol/L $H_2C_2O_4$ 溶液。将 A、C 两试管放在水浴中加热几分钟后取出，同时将 A 中溶液倒入 C 中，将 B 中溶液倒入 D 中，观察 C、D 两试管中的溶液哪一个先褪色，并解释之。

4. 浓度对电极电势的影响

在 50mL 烧杯中加入 25mL 1mol/L $ZnSO_4$ 溶液，在另一个 50mL 烧杯中加入 25mL

0.005mol/L $CuSO_4$ 溶液，插入铜电极，与锌电极组成原电池，两烧杯间用饱和 KCl 盐桥连接，将铜电极接“+”极，锌电极接“−”极，用电压计测原电池的电动势 $E^{\ominus}_{MF}$（如图 4.2）。

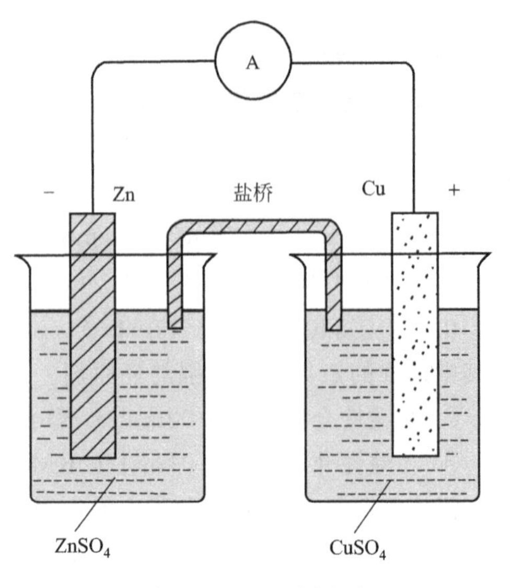

图 4.2 Cu-Zn 原电池

向 0.005mol/L $CuSO_4$ 溶液中滴入过量 2mol/L 氨水至生成深蓝色透明溶液，测量电压，观察有何变化。再于 $ZnSO_4$ 溶液中加入浓氨水至生成的沉淀完全溶解为止，测量电压，观察又有什么变化。利用 Nernst 方程式来解释实验现象。

五、注意事项

1. 盐桥的制法

称取 1g 琼脂，放在 100mL KCl 饱和溶液中浸泡一会儿，在不断搅拌下，加热煮成糊状，趁热倒入 U 形玻璃管中（管内不能留有气泡，否则会增加电阻），冷却即成。

更为简便的方法可用 KCl 饱和溶液装满 U 形玻璃管，两管口以小棉花球塞住（管内不留有气泡），作为盐桥使用。实验中还可用素烧瓷筒用作盐桥。

2. 电极的处理

电极的锌片、铜片要用砂纸擦干净，以免增大电阻。

六、问题与讨论

1. 为什么 $K_2Cr_2O_7$ 能氧化浓盐酸中的氯离子，而不能氧化 NaCl 浓溶液中的氯离子？

2. 酸度对 Cl_2/Cl^-、Fe^{3+}/Fe^{2+}、Cu^{2+}/Cu、Zn^{2+}/Zn 电对的电极电势有无影响？为什么？

3. 温度和浓度对氧化还原反应的速率有何影响？$\varphi^{\ominus}$ 大的氧化还原反应的反应速率也一定大吗？

4. 介质对 $KMnO_4$ 的氧化性有何影响？用本实验事实及电极电势予以说明。

实验四　碘化铅溶度积常数的测定

一、实验目的

1. 了解用分光光度计测定溶度积常数的原理和方法。

2. 练习 UV-1800PC 分光光度计的使用方法。

二、实验原理

碘化铅是难溶电解质，在其饱和溶液中存在下列沉淀-溶解平衡：

$$PbI_2(s) \rightleftharpoons Pb^{2+}(aq) + 2I^-(aq)$$

PbI_2 的溶度积常数表达式为

$$K^{\ominus}_{sp}(PbI_2) = [c(Pb^{2+})/c^{\ominus}][c(I^-)/c^{\ominus}]^2$$

在一定温度下，如果测定出 PbI_2 饱和溶液中的 $c(I^-)$ 和 $c(Pb^{2+})$，则可以求得 $K^{\ominus}_{sp}(PbI_2)$。

若将已知浓度的 $Pb(NO_3)_2$ 溶液和 KI 溶液按不同体积比混合，生成的 PbI_2 沉淀与溶液达到平衡，通过测定溶液中的 $c(I^-)$，再根据系统的初始组成及沉淀反应中 Pb^{2+} 与 I^- 的化学计量关系，可以计算出溶液中的 $c(Pb^{2+})$。由此可求得 PbI_2 的溶度积。

本实验采用分光光度法测定溶液中的 $c(I^-)$。尽管 I^- 无色的，但可在酸性条件下用 KNO_2 将 I^- 氧化为 I_2（保持 I_2 浓度在其饱和浓度以下），I_2 在水溶液中呈棕黄色。用分光光度计在 525nm 波长下测定由各饱和溶液配制的 I_2 溶液的吸光度 A，然后由标准吸收曲线查出 $c(I^-)$，则可计算出饱和溶液中的 $c(I^-)$。

三、仪器与药品

1. 仪器

UV-1800PC 型分光光度计，比色皿（2cm 4 个），烧杯（50mL 6 个），试管（12mm×150mm 6 支），吸量管（1mL 3 支、5mL 3 支、10mL 1 支），漏斗 3 个，滤纸，镜头纸，橡皮塞。

2. 药品

HCl 溶液（6.0mol/L），$Pb(NO_3)_2$（0.015mol/L），KI（0.035mol/L、0.0035mol/L），KNO_2（0.020mol/L、0.010mol/L）。

四、实验步骤

1. 绘制 A-$c(I^-)$ 标准曲线

在 5 支干净、干燥的小试管中分别加入 1.00mL、1.50mL、2.00mL、2.50mL、3.00mL 0.0035mol/L KI 溶液，并加入去离子水使总体积为 4.0mL，再分别加入 2.00mL 0.020mol/L KNO_2 溶液及 1 滴 6.0mol/L HCl 溶液。摇匀后，分别倒入比色皿中。以水做参比溶液，在 525nm 波长下测定吸光度 A。以测得的吸光度 A 为纵坐标，以相应 I^- 浓度为横坐标，绘制出 A-$c(I^-)$ 标准曲线图。

注意，氧化后得到的 I_2 浓度应小于室温下 I_2 的溶解度。不同温度下，I_2 的溶解度如表 1 所示：

表 1　I_2 溶解度

温度/℃	20	30	40
溶解度/(g/100g H_2O)	0.029	0.056	0.078

2. 制备 PbI_2 饱和溶液

① 取 3 支干净、干燥的大试管，按下表用吸量管加入 0.015mol/L $Pb(NO_3)_2$ 溶液、0.035mol/L KI 溶液、去离子水，使每个试管中溶液的总体积为 10.00mL。试剂用量如表 2 所示。

表 2　试剂用量

试管编号	$V[Pb(NO_3)_2]$/mL	$V(KI)$/mL	$V(H_2O)$/mL
1	5.00	3.00	2.00
2	5.00	4.00	1.00
3	5.00	5.00	0.00

② 用橡皮塞塞紧试管（充分振荡试管，大约摇 20min 后，将试管静置 3～5min。

③ 在装有干燥滤纸的干燥漏斗上，将制得的含有 PbI_2 固体的饱和溶液过滤，同时用干燥的试管接取滤液。弃去沉淀，保留滤液。

④ 在3支干燥小试管中用吸量管分别注入1号、2号、3号 PbI_2 的饱和溶液2mL，再分别注入2mL 0.01mol/L KNO_2 溶液、2mL去离子水及1滴6.0mol/L HCl溶液。摇匀后，分别倒入2cm比色皿中，以水做参比溶液，在525nm波长下测定溶液的吸光度。

3. 数据记录与处理（表3）

表3 碘化铅溶度积常数的测定

编号	1	2	3
$V[Pb(NO_3)_2]$/mL			
$V(KI)$/mL			
$V(H_2O)$/mL			
$V_{总}$/mL			
稀释后溶液的吸光度 A			
由标准曲线查得 $c(I^-)$/(mol/L)			
平衡时 $c(I^-)$/(mol/L)			
平衡时溶液中 $n(I^-)$/mol			
初始 $n(Pb^{2+})$/mol			
初始 $n(I^-)$/mol			
沉淀中 $n(I^-)$/mol			
沉淀中 $n(Pb^{2+})$/mol			
平衡时溶液中 $n(Pb^{2+})$/mol			
平衡时 $c(Pb^{2+})$/(mol/L)			
$K_{sp}^{\ominus}(PbI_2)$			

五、注意事项

由于饱和溶液中 K^+、NO_3^- 浓度不同，影响 PbI_2 的溶解度，所以实验中为保证溶液中离子强度一致，各种溶液都应以0.20mol/L KNO_3 溶液为介质配制，但测得的 $K_{sp}^{\ominus}(PbI_2)$ 比在水中的大。本实验未考虑离子强度的影响。

六、问题与讨论

1. 配制 PbI_2 饱和溶液时为什么要充分摇荡？
2. 如果使用润湿的小试管配制比色溶液，对实验结果将产生什么影响？

实验五 配合物与沉淀-溶解平衡

一、实验目的

1. 加深了解配合物的组成和稳定性，了解配合物形成时的特征。
2. 加深了解沉淀-溶解平衡和溶度积的概念，掌握溶度积规则及其应用。
3. 学习利用沉淀反应和配位溶解的方法分离常见混合阳离子。
4. 学习电动离心机的使用和固-液分离操作。

二、实验原理

1. 配位化合物与配位平衡

配位化合物简称配合物，是由形成体（又称为中心离子或中心原子）与一定数目的配体（负离 子或中性分子）以配位键结合而形成的一类复杂化合物，是路易斯（Lewis）酸和路易斯（Lewis）碱的加合物。配合物的内层与外层之间以离子键结合，在水溶液 中完全解离。配位个体在水溶液中分步解离，其行为类似于弱电解质。在一定条件下，中心离子、配体和配位个体间达到配位平衡，例如：

$$Cu^{2+}+4NH_3 \rightleftharpoons [Cu(NH_3)_4]^{2+}$$

相应反应的标准平衡常数称为配合物的稳定常数。对于相同类型的配合物，其数值愈大，配合物就愈稳定。

在水溶液中，配合物的生成反应主要有配体的取代反应和加合反应，例如：

$$[Fe(SCN)_n]^{3-}+6F^- \rightleftharpoons [FeF_6]^{3-}+nSCN^-$$

配合物生成时往往伴随溶液颜色、溶液酸碱性、溶解度、氧化还原性等特征的改变。

2. 沉淀-溶解平衡

在难溶强电解质的饱和溶液中，难溶强电解质与溶液中相应离子之间的多相离子平衡，称为沉淀-溶解平衡。用通式表示如下：

$$A_mB_n(s) \rightleftharpoons mA^{n+}(aq)+nB^{m-}(aq)$$

其溶度积常数为 $K_{sp}^{\ominus}(A_mB_n)=[c(A^{n+})/c^{\ominus}]^m[c(B^{m-})/c^{\ominus}]^n$

沉淀的生成和溶解可以根据溶度积规则来判断：

$Q>K_{sp}^{\ominus}$，有沉淀析出，平衡向左移动；

$Q=K_{sp}^{\ominus}$，处于平衡状态，溶液为饱和溶液；

$Q<K_{sp}^{\ominus}$，无沉淀析出，或平衡向右移动，原来的沉淀溶解。

溶液 pH 的改变、配合物的形成或氧化还原反应的发生，往往会引起难溶电解质溶解度的改变。

对于相同类型的难溶电解质，可以根据其 $K_{sp}^{\ominus}$ 的相对大小判断沉淀的先后顺序。对于不同类型的难溶电解质，则要根据计算所需沉淀试剂浓度的大小来判断沉淀的先后顺序。

两种沉淀间相互转化的难易程度要根据沉淀转化反应的标准平衡常数确定。

利用沉淀反应和配位溶解反应可以分离溶液中的某些离子。

三、仪器与药品

1. 仪器

点滴板，试管，试管架，石棉网，煤气灯，电动离心机，pH 试纸。

2. 药品

HCl 溶液（6mol/L，2mol/L），H_2SO_4（2mol/L），HNO_3（6mol/L），H_2O_2（5%），NaOH（2mol/L），$NH_3 \cdot H_2O$（2mol/L，6mol/L），KBr（0.1mol/L），KI（0.02mol/L，0.1mol/L，2mol/L），K_2CrO_4（0.1mol/L），KSCN（0.1mol/L），NaF（0.1mol/L），NaCl（0.1mol/L），Na_2S（0.1mol/L），$NaNO_3$（s），Na_2H_2Y（0.1mol/L），$Na_2S_2O_3$（0.1mol/L），NH_4Cl（1mol/L），$MgCl_2$（0.1mol/L），$CaCl_2$（0.1mol/L），$Ba(NO_3)_2$（0.1mol/L），$Al(NO_3)_3$（0.1mol/L），$Pb(NO_3)_2$（0.1mol/L），$Pb(Ac)_2$（0.01mol/L），$CoCl_2$（0.1mol/L），$FeCl_3$（0.1mol/L），$Fe(NO_3)_3$（0.1mol/L），$AgNO_3$（0.1mol/L），$Zn(NO_3)_2$（0.1mol/L），$NiSO_4$（0.1mol/L），$NH_4Fe(SO_4)_2$（0.1mol/L），$K_3[Fe(CN)_6]$（0.1mol/L），$BaCl_2$（0.1mol/L），$CuSO_4$（0.1mol/L），丁二酮肟。

四、实验步骤

1. 配合物的形成与颜色变化

① 在 4 滴 0.1mol/L $FeCl_3$ 溶液中，加入 2 滴 0.1mol/L KSCN 溶液，观察溶液颜色变化。再加入几滴 0.1mol/L NaF 溶液，观察又有什么变化。写出相关反应方程式。

② 取 0.1mol/L $K_3[Fe(CN)_6]$ 溶液和 0.1mol/L $NH_4Fe(SO_4)_2$ 溶液各 5 滴，分别滴加 0.1mol/L KSCN 溶液，观察溶液颜色变化。

③ 在 0.1mol/L $CuSO_4$ 溶液中滴加 6mol/L $NH_3 \cdot H_2O$ 至过量，然后将溶液分为两份，分别加入 2mol/L NaOH 溶液和 0.1mol/L $BaCl_2$ 溶液，观察实验现象，写出有关的反应方程式。

④ 在 2 滴 0.1mol/L $NiSO_4$ 溶液中，逐滴加入 6mol/L $NH_3 \cdot H_2O$，观察现象。然后再加入 2 滴丁二酮肟试剂，观察生成物的颜色和状态。

2. 配合物形成时难溶物溶解度的改变

在 3 支试管中分别加入 5 滴 0.1mol/L NaCl 溶液，5 滴 0.1mol/L KBr 溶液、5 滴 0.1mol/L KI 溶液，再各加入 5 滴 0.1mol/L $AgNO_3$ 溶液，观察沉淀的颜色。离心分离，弃去清液。在沉淀中再分别加入 2mol/L $NH_3 \cdot H_2O$、0.1mol/L $Na_2S_2O_3$ 溶液、2mol/L KI 溶液，振荡试管，观察沉淀的溶解。写出相关反应方程式。

3. 配合物形成时溶液 pH 的改变

取一条完整的 pH 试纸，在它的一端滴上半滴 0.1mol/L $CaCl_2$ 溶液，记下被 $CaCl_2$ 溶液浸润处的 pH，待 $CaCl_2$ 溶液不再扩散时，在距离 $CaCl_2$ 溶液扩散边缘 0.5～1.0cm 干试纸处，滴上半滴 0.1mol/L Na_2H_2Y 溶液，待 Na_2H_2Y 溶液扩散到 $CaCl_2$ 溶液区形成重叠时，记下重叠与未重叠处的 pH。说明 pH 变化的原因，写出反应方程式。

4. 配合物形成时中心离子氧化还原性的改变

① 在 0.1mol/L $CoCl_2$ 溶液中滴加 5%的 H_2O_2，观察有无变化。

② 在 0.1mol/L $CoCl_2$ 溶液中加几滴 1mol/L NH_4Cl 溶液，再滴加 6mol/L $NH_3 \cdot H_2O$，观察现象。然后滴加 3%的 H_2O_2，观察溶液颜色的变化。写出有关的反应方程式。

由上述①和②两个实验可以得出什么结论?

5. 沉淀的生成与溶解

① 在 3 支试管中各加入 2 滴 0.01mol/L $Pb(Ac)_2$ 溶液和 2 滴 0.02mol/L KI 溶液，摇荡试管，观察现象。在第一支试管中加 5mL 去离子水，摇荡，观察现象；在第二支试管中加少量 $NaNO_3(s)$，摇荡，观察现象；第三支试管中加过量的 2mol/L KI 溶液，观察现象，分别解释之。

② 在 2 支试管中各加入 1 滴 0.1mol/L Na_2S 溶液和 1 滴 0.1mol/L $Pb(NO_3)_2$ 溶液，观察现象。在一支试管中加 6mol/L HCl，另一支试管中加 6mol/L HNO_3，摇荡试管，观察现象。写出反应方程式。

③ 在 2 支试管中各加入 5 滴 0.1mol/L $MgCl_2$ 溶液和数滴 2mol/L $NH_3 \cdot H_2O$ 溶液至沉淀生成。在第一支试管中加入几滴 2mol/L HCl 溶液，观察沉淀是否溶解；在另一支试管中加入数滴 1mol/L NH_4Cl 溶液，观察沉淀是否溶解。写出有关反应方程式，并解释每步实验现象。

6. 分步沉淀

① 在试管中加入 1 滴 0.1mol/L Na_2S 溶液和 1 滴 0.1mol/L K_2CrO_4 溶液，用去离子水稀释至 5mL，摇匀。先加入 1 滴 0.1mol/L $Pb(NO_3)_2$ 溶液，摇匀，观察沉淀的颜色，离心分离；然后再向清液中继续滴加 $Pb(NO_3)_2$ 溶液，观察此时生成沉淀的颜色。写出反应方程式，并说明判断两种沉淀先后析出的理由。

② 在试管中加入 2 滴 0.1mol/L $AgNO_3$ 溶液和 1 滴 0.1mol/L $Pb(NO_3)_2$ 溶液，用去离子水稀释至 5mL，摇匀。逐滴加入 0.1mol/L K_2CrO_4 溶液（注意，每加 1 滴，都要充分摇荡），观察现象。写出反应方程式，并解释之。

7. 沉淀的转化

在 6 滴 0.1mol/L $AgNO_3$ 溶液中加 3 滴 0.1mol/L K_2CrO_4 溶液，观察现象。再逐滴加入 0.1mol/L NaCl 溶液，充分摇荡，观察有何变化。写出反应方程式，并计算沉淀转化反应的标准平衡常数。

8. 沉淀-配位溶解法分离混合阳离子

① 某溶液中含有 Ba^{2+}、Al^{3+}、Fe^{3+}、Ag^{+} 等离子，试设计方法分离之。写出有关反应方程式。

$$\left\{\begin{array}{l}Ba^{2+}\\Al^{3+}\\Fe^{3+}\\Ag^{+}\end{array}\right.\xrightarrow{HCl(稀)}\left[\begin{array}{l}Ba^{2+}\\Al^{3+}(aq)\\Fe^{3+}\\AgCl(s)\end{array}\right.\xrightarrow{H_2SO_4(稀)}\left[\begin{array}{l}\_\_\_\_\_\_(aq)\longrightarrow\left[\begin{array}{l}\_\_\_\_\_\_(aq)\\\_\_\_\_\_\_(s)\end{array}\right.\\\_\_\_\_\_\_(s)\end{array}\right.$$

② 某溶液中含有 Ba^{2+}、Pb^{2+}、Fe^{3+}、Zn^{2+} 等离子，自己设计方法分离之。图示分离步骤，写出有关的反应方程式。

五、注意事项

1. 沉淀-溶液的分离方法。
2. 分步沉淀的操作。

六、问题与讨论

1. 通过实验 1 比较 $[FeCl_4]^{-}$、$[Fe(NCS)_6]^{3-}$ 和 $[FeF_6]^{3-}$ 的稳定性。
2. 通过实验比较 $[Ag(NH_3)_2]^{+}$、$[Ag(S_2O_3)_2]^{3-}$ 和 $[AgI_2]^{-}$ 的稳定性。
3. 试计算 0.1mol/L 的 Na_2H_2Y 溶液的 pH。
4. 如何正确地使用电动离心机。

实验六　磺基水杨酸合铁（Ⅲ）配合物的组成及稳定常数的测定

一、实验目的

1. 用等摩尔系列法测定磺基水杨酸合铁(Ⅲ）配合物的组成及稳定常数。
2. 练习 UV-1800PC 分光光度计的使用方法。

二、实验原理

磺基水杨酸（简式为 H_3R）为无色结晶，它与 Fe^{3+} 可以形成稳定的有色配合物，但 pH 值不同，形成的配合物不同。在 pH=1.5～3.0 时，形成 1∶1 的紫红色配合物（简记为 MR）；pH=4～9 时，形成 1∶2 的红色配合物（MR_2）；pH=9～11.5 时，形成 1∶3 的黄色配合物（MR_3）；当 pH>12 时，将产生 $Fe(OH)_3$ 沉淀，而不能形成配合物。本实验测定 pH=2.0 条件下配合物的组成和稳定常数。

测定配合物组成和稳定常数的方法有：pH 法、电位法、极谱法、分光光度法以及核磁共振、电子顺磁共振等方法。其中分光光度法是最常应用的方法之一。分光光度法中又有等摩尔比例法、等摩尔系列法以及平衡移动法等。本实验采用等摩尔系列法。这种方法要求在一定条件下，溶液中的金属离子与配位体都无色，只有形成的配合物有色，并且只形成一种稳定的配合物，配合物中配体的数目 n 也不能太大，本实验中磺基水杨酸是无色的，Fe^{3+} 溶液浓度很稀，也可认为无色，只有形成的磺基水杨酸合铁(Ⅲ)配合物呈紫红色，因此可以应用等摩尔系列法。

所谓等摩尔系列法，就是在保持溶液中金属离子浓度 c_M 与配位体浓度 c_R 之和不变(即总摩尔数不变)的前提下，改变 c_M 与 c_R 的相对量，配制一系列溶液，使配体摩尔分数 x_R 从 0 逐渐增加到 1。显然，在这一系列溶液中，当配体摩尔分数 x_R 较小时，金属离子是过量的；而 x_R 较大时，配位体是过量的。在这两部分溶液中，配合物 MR_n 的浓度都不可能达到最大值，只有当溶液中配位体与金属离子摩尔数之比与配合物的组成一致时，配合物 MR_n 的浓度才能达到最大，因而其吸光度 A 也最大。以吸光度 A 为纵坐标，配体摩尔分数 x_R 为横坐标作图，画得一曲线（见图 4.3）。延长曲线两边的直线部分，相交于 E 点，若 M 与 R 全部形成 MR_n，最大吸收处应在 E 处，即其最大吸光度应为 A_1，但由于 MR_n 有一部分离解，其浓度要稍小一些，故实际测得的最大吸光度在 F 处。

即吸光度为 A_2，因此该配合物的离解度为：

$$\alpha=\frac{A_1-A_2}{A_1}\times100\% \tag{4.1}$$

配合物 MR_n 的组成

$$n=\frac{x_R}{1-x_R} \tag{4.2}$$

配合物的表观稳定常数计算如下

$$MR_n \underset{K'_{稳}}{\overset{K'_{不稳}}{\rightleftharpoons}} M+nR$$

起始浓度	c	0	0
平衡浓度	$c-c\alpha$	$c\alpha$	$nc\alpha$

$$K'_{稳}=\frac{1-\alpha}{n^n c^n \alpha^{n+1}} \tag{4.3}$$

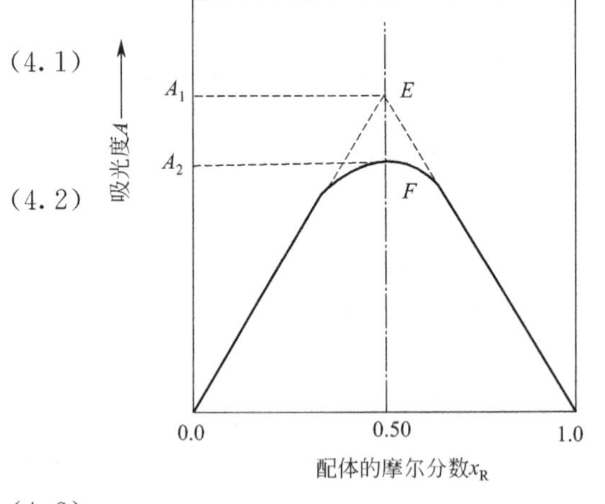

图 4.3　x_R-A 曲线

式(4.2)、式(4.3) 中 x_R、$1-x_R$、c 分别为最大吸光度处的配体摩尔分数、金属离子摩尔分数及金属离子起始浓度。

$$当\ n=1\ 时，K'_{稳}=\frac{1-\alpha}{c\alpha^2} \tag{4.4}$$

值得提出的是，这样得到的为表观稳定常数，若考虑到 Fe^{3+} 的水解平衡以及磺基水杨酸的电离平衡，则应对表观稳定常数 $K'_{稳}$ 加以校正，校正后即得 $K_{稳}$

$$\lg K_{稳}=\lg K'_{稳}+\lg\alpha \tag{4.5}$$

其中，在 pH=2.0 时，$\lg\alpha=10.3$。

三、仪器与药品

1. 仪器

UV-1800PC 型分光光度计，烧杯（100mL 每组 11 个），容量瓶（100mL），吸量管（10mL）。

2. 药品

$HClO_4$（0.01mol/L），磺基水杨酸（0.0100mol/L，用分析纯磺基水杨酸溶于 0.01mol/L $HClO_4$ 中配成），Fe^{3+} 溶液（0.0100mol/L，用分析纯 $(NH_4)Fe(SO_4)\cdot12H_2O$

溶于 0.01mol/L $HClO_4$ 中配成）。

四、实验步骤

1. 配制 0.00100mol/L Fe^{3+} 溶液和 0.00100mol/L 磺基水杨酸溶液

用吸量管准确移取 10.00mL 0.00100mol/L Fe^{3+} 溶液，加入到 100mL 容量瓶中，用 0.01mol/L $HClO_4$ 溶液稀释至刻度，摇匀备用。同法配制 0.00100mol/L 磺基水杨酸溶液。

2. 配制系列溶液

用三支 10mL 的吸量管按照下表列出的用量分别移取 0.01mol/L $HClO_4$、0.00100mol/L Fe^{3+} 溶液和 0.00100mol/L 磺基水杨酸（H_3R）溶液，一一加入到 11 只已编号的干燥的 100mL 小烧杯中，摇匀。

3. 测定系列溶液的吸光度

用 UV-1800PC 型分光光度计（波长为 500nm 的光源）以蒸馏水为参比，测定系列溶液的吸光度，填入表 1。

表 1　溶液的吸光度

序号	0.01mol/L $HClO_4$ 用量/mL	0.00100mol/L Fe^{3+} 用量/mL	0.00100mol/L H_3R 用量/mL	H_3R 摩尔分数 x_R	吸光度 A
1	10.00	10.00	0.00	0.00	
2	10.00	9.00	1.00	0.10	
3	10.00	8.00	2.00	0.20	
4	10.00	7.00	3.00	0.30	
5	10.00	6.00	4.00	0.40	
6	10.00	5.00	5.00	0.50	
7	10.00	4.00	6.00	0.60	
8	10.00	3.00	7.00	0.70	
9	10.00	2.00	8.00	0.80	
10	10.00	1.00	9.00	0.90	
11	10.00	0.00	10.00	1.00	

4. 数据处理

以吸光度对磺基水杨酸的摩尔分数作图，从图中找出最大吸收处，求出配合物的解离度、组成及稳定常数。

五、注意事项

实验分为开机预热、样品准备、样品预订、关机清理四个部分。

1. 开机预热

① 打开仪器样品室盖板，拿出其中用于干燥的硅胶袋。确保样品室光路无物体阻挡。再关上样品室盖板。

② 打开仪器右侧下部电源开关，仪器即进入自检程序。自检过程中不得打开样品室盖板。

③ 自检结束，再按仪器面板上的“F4”键，仪器即可切换至由电脑控制。

④ 启动电脑，点击软件 UV Probe，出现对话框后，点击下部的“Connect”按钮。

2. 样品准备

① 样品以适当的溶剂溶解。注意：不能用氯仿！因其可导致比色皿散架！常用溶剂为

水及醇类。

② 测样前确认比色皿是玻璃的还是石英的，因玻璃在紫外区有吸收，作紫外光谱扫描要用石英比色皿，一般其上部标有“S”或“Q”。

3. 样品测定

① 在软件界面选择 Windows 按钮，下拉，选择 Spectrum 按钮，点击，即出现光谱测量界面。

② 将样品的溶剂分别倒入两个比色皿中，加至比色皿约 2/3 的高度，再盖上方形比色皿顶盖（以免溶剂挥发而影响测定结果）。手持比色皿粗糙面（毛面），用擦镜纸轻轻擦净比色皿光面。

③ 将两个比色皿放入样品室的比色皿架中。其中一个为参比架，一个为样品架（默认为靠外侧的比色皿架）。

④ 在 Spectrum 界面单击 Baseline，选定波长为 800～200nm，启动基线校正操作。

⑤ Baseline 操作结束，选择" Go To WL"，在对话框中输入 500（nm）。点击确定。

⑥ 再点击“Autozero”，以消除两个比色皿之间的误差。

⑦ 拿出样品架的比色皿，加入待测样品至 2/3 高度。

⑧ 点击“Start”。仪器即开始扫描光谱。

⑨ 扫描结束，右侧窗口即可出现光谱图。一般要保持吸光度在 0.1～1.0 之间较为合适。如果样品太浓，稀释后再重新测定。调整横轴和纵轴到合适的范围。点击光谱图可查看相关的参数，如：吸收峰等。

⑩ 点击“File”“Save as”可保存当前的文件。

4. 关机

① 测量完毕，将比色皿从样品池中取出。

② 点击软件下部的按钮“Disconnect”，退出软件窗口。

③ 关闭仪器右下侧的电源开关。

④ 将干燥用的硅胶袋放入样品室中。

⑤ 在仪器登记本上记录。注意：在仪器使用过程中如有异常，应在登记本上详细说明情况，并报告主管老师。

5. 清场

① 用适当的溶剂洗净比色皿。

② 带走废液、废纸等垃圾。

六、问题与讨论

1. 用等摩尔系列法测定配合物组成时，为什么说溶液中配位体的摩尔数与金属离子摩尔数之比正好与配合物组成相同时，配合物浓度为最大？

2. 当配合物分别为 MR、MR_2、MR_3、MR_4 时，在最大吸收处配体摩尔分数 x_R 分别为多少？A-x_R 图分别为什么形状？据此说明为什么等摩尔系列法只适于测定 n 值较小的配合物的组成。

3. 测定吸光度时，如果温度变化较大，对测得的稳定常数有无影响？

4. 实验中用 0.01mol/L $HClO_4$ 控制溶液 pH=2.0，为什么要用 $HClO_4$？用 H_3PO_4 或 H_2SO_4 是否可以？为什么？

实验七　碘酸铜溶度积的测定

一、实验目的

1. 掌握无机化合物沉淀的制备、洗涤及过滤操作方法。

2. 测定碘酸铜的溶度积，加深对溶度积概念的理解。

3. 学习光电比色法测定碘酸铜溶度积的原理和方法。

4. 熟悉分光光度计的使用及吸收曲线和工作曲线的绘制。

二、实验原理

碘酸铜是难溶性强电解质。一定温度下，在碘酸铜饱和溶液中，已溶解的 $Cu(IO_3)_2$ 电离出的 Cu^{2+} 和 IO_3^- 与未溶解的固体 $Cu(IO_3)_2$ 之间存在下列沉淀-溶解平衡：

$$Cu(IO_3)_2(s) \rightleftharpoons Cu^{2+}(aq) + 2IO_3^-(aq)$$

在一定温度下，该饱和溶液中，有关离子的浓度（更确切地说应该是活度，但由于难溶性强电解质的溶解度很小，离子强度也很小，可以用浓度代替活度）的乘积是一个常数：

$$K_{sp}^{\ominus} = [Cu^{2+}][IO_3^-]^2$$

$K_{sp}^{\ominus}$ 被称为溶度积常数，$[Cu^{2+}]$ 和 $[IO_3^-]$ 分别为沉淀-溶解平衡时 Cu^{2+} 和 IO_3^- 的浓度，单位都为 mol/L。$K_{sp}^{\ominus}$ 是一个与温度有关的常数，温度恒定时，$K_{sp}^{\ominus}$ 的数值与 Cu^{2+} 和 IO_3^- 的浓度无关。

对于 $Cu(IO_3)_2$ 固体溶于纯水制得的 $Cu(IO_3)_2$ 饱和溶液，溶液中的 $[IO_3^-] = 2[Cu^{2+}]$，所以只要测出溶液中 Cu^{2+} 的浓度，便可计算出 $Cu(IO_3)_2$ 的溶度积常数 $K_{sp}^{\ominus}$：

$$K_{sp}^{\ominus} = [Cu^{2+}][IO_3^-]^2 = 4[Cu^{2+}]^3$$

本实验采用分光光度法测定溶液中 Cu^{2+} 的浓度。因为在实验条件下，Cu^{2+} 浓度很小，几乎不吸收可见光，直接进行分光光度法测定，灵敏度较低。为了提高测定方法的灵敏度，本实验在 Cu^{2+} 溶液中，加入氨水，使 Cu^{2+} 变成深蓝色的 $[Cu(NH_3)_4]^{2+}$ 配离子，增大 Cu^{2+} 对可见光的吸收。实验时，使用工作曲线法：在测定样品前，先在与试样测定相同的条件下，测量一系列已知准确浓度的标准溶液的吸光度，作出吸光度-浓度曲线（工作曲线），确定吸光度和 $[Cu^{2+}]$ 之间的定量关系，再测出饱和溶液的吸光度，最后根据工作曲线得到相应的 $[Cu^{2+}]$。

三、仪器与药品

1. 仪器

电子天平，吸量管（20mL、2mL），比色管（50mL），烧杯，漏斗，722 型分光光度计。

2. 药品

KIO_3，$CuSO_4 \cdot 5H_2O$，$CuSO_4$（0.100mol/L），$NH_3 \cdot H_2O$（6mol/L）。

四、实验步骤

1. 碘酸铜饱和溶液的配制

（1）$Cu(IO_3)_2$ 固体的制备

用 1mol/L $CuSO_4$ 溶液，0.3mol/L KIO_3 溶液制备 1～2 g 干燥的 $Cu(IO_3)_2$ 固体。其

中 $CuSO_4$ 溶液稍过量，所得 $Cu(IO_3)_2$ 湿固体需用纯水洗涤至无 SO_4^{2-}，烘干待用。

(2) 配制 $Cu(IO_3)_2$ 饱和溶液

取上述固体 1.5g 放入 250mL 锥形瓶中，加入 150mL 纯水，在磁力加热搅拌器上边搅拌、边加热至 343～353K，并持续 15min，冷却，静置 2～3h。

2. 溶度积的测定（工作曲线法）

(1) 配制标准溶液

计算配制 25.00mL 0.0150mol/L、0.0100mol/L、0.00500mol/L、0.00200mol/L Cu^{2+} 溶液所需的 0.1mol/L $CuSO_4$ 标准溶液的体积。用吸量管分别移取计算量的 0.1mol/L $CuSO_4$ 标准溶液，分别放到四只 50mL 容量瓶中，各加入 25.00mL 1mol/L 氨水，并用纯水稀释至标线，摇匀。

(2) 工作曲线的绘制

在 $\lambda=610$nm 的条件下，测定标准溶液的吸光度 A。作吸光度 A-[Cu^{2+}] 图。

3. 数据记录与处理（表 1）

表 1　溶度积的测定

测定波长：610nm　　　　温度：　　℃

序号	1	2	3	4	待测 1	待测 2
$c(CuSO_4)$/(mol/L)	0.1					
$c(Cu^{2+})$/(mol/L)	0.0150	0.0100	0.0050	0.0020		
$V(CuSO_4)$/mL						
吸光度 1						
吸光度 2						
吸光度 3						
平均吸光度						
$K_{sp}(Cu(IO_3)_2)$						
平均 $K_{sp}(Cu(IO_3)_2)$						
相对误差						

五、注意事项

1. 提前烘干一个 100mL 的烧杯和一个漏斗。
2. 碘酸铜固体一定要洗涤去除表面吸附的铜离子后，再制备饱和溶液。
3. 标准系列和待测溶液同时显色 10min。
4. 绘制标准曲线时用空白试剂做参比。
5. 专管专用，规范操作。

六、问题与讨论

1. 怎样制备 $Cu(IO_3)_2$ 饱和溶液？制备 $Cu(IO_3)_2$ 时，何种物质过量？

2. 如果 $Cu(IO_3)_2$ 溶液未达饱和，对测定结果有何影响？

3. 假如在过滤 $Cu(IO_3)_2$ 饱和溶液时有 $Cu(IO_3)_2$ 固体穿透滤纸，将对实验结果产生什么影响？

实验八　电解质溶液和离子平衡

一、实验目的

1. 加深对电离平衡、同离子效应、盐类水解等理论的理解。

2. 配制缓冲溶液并验证其性质。

3. 了解沉淀溶解平衡及溶度积规则的应用。

4. 学习离心分离操作和离心机的使用。

二、实验原理

电解质溶液中的离子反应和离子平衡是化学反应和化学平衡的一个重要内容。无机化学反应大多数是在水溶液中进行的，参与这些反应的物质主要是酸、碱、盐。它们都是电解质，在水溶液中能够完全或部分电离成带电离子。因此酸、碱、盐之间的反应实际上是离子反应。

1. 电解质的分类和弱电解质的电离

电解质一般分为强电解质和弱电解质，在水溶液中能完全电离成为离子的电解质称为强电解质；在水溶液中仅能部分电离的电解质称为弱电解质。弱电解质在水溶液中存在电离平衡。

2. 同离子效应

在弱电解质溶液中，由于加入与该弱电解质有相同离子（阳离子或阴离子）的强电解质，使弱电解质的电离度下降的现象称为同离子效应。例如在 HAc 溶液中加入 NaAc，由于增加了 Ac^- 的浓度，使 HAc 电离度降低，酸性降低，pH 值增大。同理，在氨水溶液中加入 NH_4Cl，由于增加了 NH_4^+ 的浓度，可使氨水的电离度降低，pH 值降低。

3. 缓冲溶液

一般水溶液，常易受外界加酸、加碱或稀释而改变其原有的 pH 值。但也有一类溶液的 pH 值在定范围内并不因此而有什么明显的变化，这类溶液称为缓冲溶液。常见的缓冲溶液为弱酸及其弱酸盐所组成的混合溶液或弱碱及其弱碱盐所组成的混合溶液。

缓冲溶液的 pH 值取决于 pK_a（或 pK_b）及 c(酸)/c(盐) 或 c(碱)/c(盐)。当 c(酸)$=c$(盐) 时，$pH=pK_a$；当 c(碱)$=c$(盐) 时，$pOH=pK_b$。故配制一定 pH 值的缓冲溶液时，可根据需要，选 pK_a 与 pH 相近的弱酸及其盐（或 pK_b 与 pOH 相近的弱碱及其盐）。

4. 盐类的水解

盐类的水解反应是由于组成盐的离子和水解离出来的 H^+ 或 OH^- 作用，生成弱酸或弱碱的反应过程。水解反应往往使溶液显酸性或碱性。通常水解后生成的酸或碱越弱，则盐的水解度越大。

水解是中和反应的逆反应，是吸热反应，加热能促进水解作用。同时，水解产物的浓度也是影响水解平衡移动的因素。

5. 沉淀溶解平衡

在难溶电解质的饱和溶液中，未溶解的固体和溶解后形成的离子间在一定温度下存在多相离子平衡。

$K_{sp}^{\ominus}$ 称为溶度积，表示难溶电解质固体和它的饱和溶液达到平衡时的平衡常数。溶度积的大小与难溶电解质的溶解有关，反映了物质的溶解能力。

溶度积可作为沉淀与溶解的判断基础。对难溶电解质 AB，在一定的温度下，$Q>K_{sp}^{\ominus}$ 时，溶液过饱和，有沉淀析出；$Q=K_{sp}^{\ominus}$ 时，沉淀-溶解达到动态平衡，无沉淀析出；$Q<K_{sp}^{\ominus}$ 时，溶液未饱和，无沉淀析出。

如果在溶液中有两种或两种以上的离子都可以与同一沉淀剂反应生成难溶电解质，沉淀的先后次序与所需沉淀剂离子浓度的大小有关。所需沉淀剂离子浓度小的先沉淀，所需沉淀剂离子浓度大的后沉淀，这种先后沉淀的现象叫分步沉淀。使一种难溶电解质转化为另一种难溶电解质，即把沉淀转化为另一种沉淀的过程称为沉淀的转化。一般来说，溶解度大的难溶电解质易转化为溶解度小的难溶电解质。

三、仪器与药品

1. 仪器

酸度计，离心机，离心管，试管，烧杯，酒精灯，试管夹，pH 试纸（广泛、精密）。

2. 药品

固体试剂：NaAc（C. P），NH_4Cl（C. P），$Fe(NO_3)_3 \cdot 9H_2O$（C. P），Zn 粒。

酸碱溶液：HCl（0.1mol/L、2mol/L），HAc（0.1mol/L、2mol/L），HNO_3（6mol/L），H_2SO_4（0.1mol/L），NaOH（0.1mol/L、2mol/L），$NH_3 \cdot H_2O$（0.1mol/L、2mol/L、6mol/L）。

盐溶液：NaAc（0.1mol/L），NH_4Cl（0.1mol/L、饱和），$FeCl_3$（0.1mol/L），$Pb(NO_3)_2$（0.1mol/L），Na_2SO_4（0.1mol/L、饱和），$K_2Cr_2O_7$（0.1mol/L），K_2CrO_4（0.1moL/L），NaCl（0.1mol/L），Na_2CO_3（0.1mol/L），NH_4Ac（0.1mol/L），$AgNO_3$（0.1mol/L），$CaCl_2$（0.1mol/L），$MgCl_2$（0.1mol/L），$NaHCO_3$（0.1mol/L），$Al_2(SO_4)_3$（0.1mol/L），Na_2S（0.1mol/L），$(NH_4)_2C_2O_4$（饱和溶液），0.2%酚酞乙醇溶液，0.2%甲基橙溶液。

四、实验步骤

1. 强电解质和弱电解质

（1）比较盐酸和醋酸的酸性

① 取两支试管，一支滴入 5 滴 0.1mol/L HCl，另一支滴入 5 滴 0.1mol/L HAc，然后再各滴加 1 滴甲基橙指示剂，并稀释至 5mL，观察溶液的颜色。

② 用 pH 试纸分别测定 0.1mol/L HCl 和 0.1mol/L HAc 溶液的 pH 值，观察 pH 试纸的颜色变化并判断 pH 值。

③ 取两支试管，一支加入 10 滴 0.1mol/L HCl，另一支滴加 10 滴 0.1mol/L HAc，再各加 1 颗锌粒，并加热试管，比较两支试管中反应的快慢。

将实验结果填入表 1。

表 1　比较盐酸和醋酸

酸	加甲基橙颜色	pH(测定)	pH(计算)	加锌粒反应现象
0.1mol/L HCl				
0.1mol/L HAc				

通过以上实验，比较盐酸和醋酸的酸性有何不同，为什么？

（2）酸碱溶液的 pH

用 pH 试纸测定下列溶液的 pH 值，并与计算结果比较。

HAc 0.1mol/L、NaOH 0.1mol/L、$NH_3 \cdot H_2O$ 0.1mol/L、H_2SO_4 0.1mol/L。

2. 同离子效应和缓冲溶液

① 取 2mL 0.1mol/L HAc 溶液，加入 1 滴甲基橙指示剂，摇匀，溶液是什么颜色？再加入少量 NaAc 固体，使它溶解后，溶液的颜色有何变化？试解释。

② 取 2mL 0.1mol/L $NH_3 \cdot H_2O$ 溶液，加入 1 滴酚酞指示剂，摇匀，溶液是什么颜色？再加入少量 NH_4Cl 固体，使它溶解后，溶液的颜色有何变化？试解释。

③ 用 0.1mol/L HAc 和 0.1mol/L NaAc 溶液，配制 pH=4.1 的缓冲溶液 20mL。用酸度计或精密 pH 试纸测定其 pH 值。然后分别取两份缓冲溶液各 3mL，第一份加入 2 滴 0.1mol/L HCl 摇匀，测定其 pH 值；另一份加入 2 滴 0.1mol/L NaOH，摇匀，测其 pH 值，解释观察到的现象。

④ 在试管中加 6mL 蒸馏水，测其 pH 值。将其均分成两份，第一份加入 2 滴 0.1mol/L HCl 摇匀，测定其 pH 值；另一份加入 2 滴 0.1mol/L NaOH，摇匀，测其 pH 值，解释观察到的现象。与实验②③相比较，得出什么结论？

3. 盐类水解

① 用精密 pH 试纸分别测定浓度为 0.1mol/L 的下列各溶液的 pH：NaCl、NH_4Cl、Na_2S、NH_4Ac、Na_2CO_3，解释观察到的现象。

② 在试管中加入少量固体 $Fe(NO_3)_3 \cdot 9H_2O$，用少量蒸馏水溶解后，观察溶液的颜色，然后均分为三份。第一份留作比较；第二份加 3 滴 6mol/L HNO_3 溶液，摇匀；第三份小火加热煮沸。观察三份溶液的颜色有何不同，解释实验现象。加入 HNO_3 或加热对水解平衡有何影响？试加以说明。

③ 取两支试管，一支加 1mL 0.1mol/L $Al_2(SO_4)_3$ 溶液，另一支加 1mL 0.1mol/L $NaHCO_3$ 溶液，用 pH 试纸分别测试它们的 pH 值，写出它们的水解反应方程式。然后将 $NaHCO_3$ 溶液倒入 $Al_2(SO_4)_3$ 溶液中，观察有何现象，试加以说明。总结影响盐类水解的因素。

4. 沉淀的生成和溶解

① 在两支离心试管中均加入约 0.5mL 饱和 $(NH_4)_2C_2O_4$ 溶液和 0.5mL 0.1mol/L $CaCl_2$ 溶液，混合均匀，观察沉淀颜色。离心分离，弃去溶液，在一支离心试管内缓慢滴加 2mol/L HCl 并不断振荡，观察沉淀是否溶解；在另一支离心试管内逐滴加入饱和 NH_4Cl 溶液，并不断振荡，观察沉淀是否溶解，写出反应方程式。

通过实验现象，比较在 CaC_2O_4 沉淀中加入 2mol/L HCl 和饱和 NH_4Cl 后，对平衡的影响如何？

② 在两支离心试管中均加入 1mL 0.1mol/L $MgCl_2$ 溶液，并逐滴加入 6mol/L $NH_3 \cdot H_2O$ 至有白色 $Mg(OH)_2$ 沉淀生成，离心分离，弃去溶液，然后在一支离心试管中加入 2mol/L HCl 并不断振荡，观察沉淀是否溶解；在另一支离心试管内逐滴加入饱和 NH_4Cl 溶液，并不断振荡，观察沉淀是否溶解？写出反应方程式。

通过实验现象，比较在 $Mg(OH)_2$ 沉淀中加入 2mol/L HCl 和饱和 NH_4Cl 后，对平衡的影响如何？

③ 在离心试管中加入 0.1mol/L $AgNO_3$ 溶液 10 滴，再滴入 0.1mol/L NaCl 溶液 10 滴，混合均匀，离心分离，弃去溶液，在沉淀上滴加 2mol/L 氨水溶液，有什么现象产生？写出反应方程式。

④ 在离心试管中加入 0.1mol/L $AgNO_3$ 溶液 5 滴，再滴入 0.1mol/L Na_2S 溶液 10 滴，混合均匀，观察现象，离心分离，弃去溶液，在沉淀上滴加 6mol/L HNO_3 溶液少许，然后转入试管中进行加热，有什么现象产生？写出反应方程式。

5. 沉淀转化

① 在一支试管中加入 0.1mol/L $Pb(NO_3)_2$ 溶液约 0.5mL，然后再加入约 0.5mL

0.1mol/L Na_2SO_4，观察沉淀的产生并记录沉淀的颜色。再加入约 0.5mL 0.1mol/L $K_2Cr_2O_7$ 溶液，观察沉淀颜色的改变，写出反应式并根据溶度积的原理进行解释。

② 在一支离心试管中取数滴 0.1mol/L $AgNO_3$ 溶液，加入 2 滴 0.1moL/L K_2CrO_4 溶液，观察沉淀的颜色。将沉淀离心分离，洗涤沉淀 2～3 次。然后往沉淀中加入 0.1mol/L NaCl 溶液，观察沉淀颜色的变化，写出反应方程式并根据溶度积原理进行解释。

五、注意事项

1. 缓冲溶液的配制。

2. 离心机的使用。

六、问题与讨论

1. 加热对水解有何影响？

2. 将 10mL 0.2mol/L HAc 与 10mL 0.1mol/L NaOH 混合，所得的溶液是否具有缓冲作用？这个溶液的 pH 值在什么范围之内？

3. 沉淀的溶解和转化条件有哪些？

4. 欲得氢氧化物沉淀是否一定要在碱性条件下？是否溶液的碱性越强（即加的碱越多），氢氧化物就沉淀得越完全？

第五章

元素性质、制备及表征

实验一　硫酸亚铁铵的制备

一、实验目的

1. 学会利用溶解度的差异制备硫酸亚铁铵。
2. 从实验中掌握硫酸亚铁、硫酸亚铁铵复盐的性质。
3. 掌握水浴、减压过滤等基本操作。
4. 学习 pH 试纸、吸管、比色管的使用。
5. 学习用目测比色法检验产品质量。

二、实验原理

硫酸亚铁铵，俗称莫尔盐或摩尔盐，是一种蓝绿色的无机复盐，分子式为 $(NH_4)_2\cdot Fe(SO_4)_2\cdot 6H_2O$。易溶于水，不溶于乙醇，在空气中比一般的亚铁铵盐稳定，不易被氧化。$FeSO_4$ 在空气中容易被氧化，可以用 SCN^- 来检验 $FeSO_4$ 溶液是否变质。实验室一般是从废铁屑中回收铁屑，经碱溶液洗净之后，用过量硫酸溶解。再加入稍过量硫酸铵饱和溶液，在小火下蒸发溶剂直到晶膜出现，停火利用余热蒸发溶剂。由于硫酸亚铁铵在水中的溶解度在 0～60℃内比组成它的简单硫酸铵盐和硫酸亚铁要小，只要将它们按一定的比例在水中溶解、混合，即可制得硫酸亚铁铵的晶体。

$$Fe+H_2SO_4 = FeSO_4+H_2\uparrow$$

$$FeSO_4+(NH_4)_2SO_4+6H_2O = (NH_4)_2\cdot Fe(SO_4)_2\cdot 6H_2O$$

为了避免 Fe^{2+} 的氧化和水解，在制备 $(NH_4)_2\cdot Fe(SO_4)_2\cdot 6H_2O$ 的过程中，溶液需要保持足够的酸度。用目测比色法可估计产品中所含杂质 Fe^{3+} 的量，从而确定产品的等级。

三、仪器与药品

1. 仪器

电子天平，酒精灯，可调电炉，烧杯（100ml 1 只、50ml 1 只），表面皿，蒸发皿，石棉铁丝网，铁架，铁圈，药匙，量筒（10mL 1 只、50mL 1 只），移液管或吸量管（5mL），吸气橡皮球，白瓷板，洗瓶，玻璃棒，漏斗架，布氏漏斗，吸滤瓶，玻璃抽气管，100℃温度计，25mL 比色管，pH 试纸，滤纸（φ125mm、φ100mm），滤纸碎片。

2. 药品

HCl（2mol/L），H_2SO_4（3mol/L），$(NH_4)_2SO_4$，10%（质量分数）的碳酸钠，2mol/L KSCN 溶液，标准 Fe^{3+} 溶液，铁屑。

四、实验步骤

1. 铁屑的净化

称取 4g 铁屑，放入小烧杯中，加入 15mL Na_2CO_3 溶液。小火加热约 10min 后，用倾析（即倾泻）法倒去 Na_2CO_3 碱性溶液，再用蒸馏水把铁屑冲洗洁净，备用。

2. 硫酸亚铁的制备

往盛有 1.5g 洁净铁屑的小烧杯中加入 15mL 3mol/L H_2SO_4 溶液，盖上表面皿，放在石棉铁丝网上用小火微热（或可调电炉低温）（由于铁屑中的杂质在反应中会产生一些有毒气体，最好在通风橱中进行），使铁屑和稀硫酸反应至不再冒气泡为止（约 15～30min）。在加热过程中应不时加入少量蒸馏水，趁热用普通漏斗过滤，滤液承接于洁净的蒸发皿中，用数毫升热水洗涤小烧杯及漏斗上的残渣，将残渣全部转移至漏斗中，洗涤液仍盛接于蒸发皿中。

3. 硫酸亚铁铵的制备

根据 $FeSO_4$ 的理论产量，计算并称取所需固体 $(NH_4)_2SO_4$ 的用量，在室温下将称出的 $(NH_4)_2SO_4$ 配置成饱和溶液，然后倒入上面所制得的 $FeSO_4$ 溶液中，混合均匀并用 3mol/L H_2SO_4 溶液调节 pH 值为 1～2，用沸水浴或水蒸气加热蒸发浓缩至溶液表面刚出现结晶薄层时为止（蒸发过程中不宜搅动）。放置，让其慢慢冷却，即有硫酸亚铁铵晶体析出。待冷却至室温后，用布氏漏斗抽气过滤。将晶体取出，称重。计算理论产量和产率。产率计算公式如下：

$$产率=\frac{实际产量(g)}{理论产量(g)}\times 100\%$$

4. 产品检验

（1）标准溶液的配置

往 3 支 25mL 的比色管中各加入 1mL 2mol/L KSCN、2mL 2mol/L HCl 溶液。再用移液管分别加入不同体积的标准 Fe^{3+} 溶液 5mL、10mL、20mL，最后用去离子水稀释到刻度，配成含 Fe^{3+} 量不同的标准溶液。它们所对应的各级硫酸亚铁铵药品的规格分别为含 Fe^{3+} 0.05mg，符合一级标准；含 Fe^{3+} 0.10mg，符合二级标准；含 Fe^{3+} 0.20mg，符合三级标准。

（2）Fe^{3+} 分析

称取 1.0g 产品，置于 25mL 比色管中，加入 15mL 不含氧气的去离子水，使产品溶解。然后按上述操作加入 HCl 溶液和 KSCN 溶液，再用不含氧气的去离子水稀释至 25mL，搅拌均匀。将它与配制好的上述标准溶液进行目测比色，确定产品的等级。在进行比色操作时，可在比色管下衬以白瓷板；为了消除周围光线的影响，可用白纸条包住装盛溶液那部分比色管的四周。从上往下观察，对比溶液颜色的深浅程度来确定产品的等级。

5. 数据记录与处理

计算理论产量和产率。产率计算公式如下：

$$产率=\frac{实际产量(g)}{理论产量(g)}\times 100\%$$

五、注意事项

1. 硫酸是具有腐蚀性的强酸，会腐蚀皮肤，所以在操作中要特别小心以防溅到皮肤上。

2. 实验中会产生有毒气体，所以一定要注意实验室的通风。

六、问题与讨论

1. 如何计算实验所需硫酸铵的质量和硫酸亚铁铵的理论产量，试列出计算式。

2. 为什么制备硫酸亚铁铵晶体时，溶液必须呈酸性？

3. 为什么检验产品中的 Fe^{3+} 含量时，要用不含氧气的去离子水？如何制备不含氧气的去离子水？

实验二　三草酸合铁(Ⅲ)酸钾的制备、组成测定及表征

一、实验目的

1. 了解配合物的一般制备方法。

2. 掌握用 $KMnO_4$ 滴定法测定 $C_2O_4^{2-}$ 与 Fe^{3+} 的原理和方法。

3. 进一步训练无机合成、滴定分析的基本操作。

4. 了解表征配合物结构的常用方法。

二、实验原理

1. 制备

三草酸合铁(Ⅲ)酸钾 $K_3[Fe(C_2O_4)_3]\cdot 3H_2O$ 为翠绿色单斜晶体，可溶于水，难溶于乙醇。110℃下失去结晶水，230℃分解。该配合物对光敏感，遇光照射发生分解：

$$2K_3[Fe(C_2O_4)_3] \longrightarrow 3K_2C_2O_4 + 2FeC_2O_4(\text{黄色}) + 2CO_2$$

三草酸合铁(Ⅲ)酸钾是制备负载型活性铁催化剂的主要原料，也是一些有机反应的良好催化剂，在工业上具有一定的应用价值。其合成工艺路线有多种。例如，可用三氯化铁或硫酸铁与草酸钾直接合成三草酸合铁(Ⅲ)酸钾，也可以铁为原料制得硫酸亚铁胺，加草酸制得草酸亚铁后，在过量草酸根存在下用过氧化氢氧化制得三草酸合铁(Ⅲ)酸钾。

本实验以硫酸亚铁铵为原料，采用后一种方法制得本产品。其反应方程式如下：

$$(NH_4)_2Fe(SO_4)_2\cdot 6H_2O + H_2C_2O_4 = FeC_2O_4\cdot 2H_2O(s,\text{黄色}) + (NH_4)_2SO_4 + H_2SO_4 + 4H_2O$$

$$6FeC_2O_4\cdot 2H_2O + 3H_2O_2 + 6K_2C_2O_4 = 4K_3[Fe(C_2O_4)_3]\cdot 3H_2O + 2Fe(OH)_3(s)$$

加入适量草酸可使 $Fe(OH)_3$ 转化为三草酸合铁(Ⅲ)酸钾：

$$2Fe(OH)_3 + 3H_2C_2O_4 + 3K_2C_2O_4 = 2K_3[Fe(C_2O_4)_3]\cdot 3H_2O$$

加入乙醇，放置即可析出产物的结晶。

2. 产物的定性分析

产物组成的定性分析，采用化学分析和红外吸收光谱法。

K^+ 与 $Na_3[Co(NO_2)_6]$ 在中性或稀醋酸介质中，生成亮黄色的 $K_2Na[Co(NO_2)_6]$ 沉淀：

$$2K^+ + Na^+ + [Co(NO_2)_6]^{3-} = K_2Na[Co(NO_2)_6](s)$$

Fe^{3+} 与 KSCN 反应生成血红色 $[Fe(SCN)_6]^{3-}$，$C_2O_4^{2-}$ 与 Ca^{2+} 生成白色沉淀 CaC_2O_4，以此可以判断 Fe^{3+}、$C_2O_4^{2-}$ 是处于配合物的内界还是外界。草酸根和结晶水可通过红外光谱分析确定其存在。草酸根形成配位化合物时，红外吸收的振动频率和谱带归属如表 1。

表 1　草酸根红外光谱分析

频率 ν /cm^{-1}	谱带归属
1712、1677、1649	羰基 C=O 的伸缩振动吸收带
1390、1270、1255、885	C—O 伸缩及—O—C=O 弯曲振动
797、785	O—C=O 弯曲及 M—O 伸缩振动
528	C—C 的伸缩振动吸收带
498	环变形—O—C=O 弯曲振动
366	M—O 伸缩振动吸收带

结晶水的吸收带在 3550～3200cm^{-1} 之间，一般在 3450cm^{-1} 附近。通过红外谱图的对照，不难得出定性的分析结果。

3. 产物的定量分析

用 $KMnO_4$ 滴定法测定产品中的 Fe^{3+} 含量和 $C_2O_4^{2-}$ 的含量，并确定 Fe^{3+} 和 $C_2O_4^{2-}$ 的配位比。

在酸性介质中，用 $KMnO_4$ 标准溶液滴定试液中的 $C_2O_4^{2-}$，根据 $KMnO_4$ 标准溶液的消耗量可直接计算出 $C_2O_4^{2-}$ 的质量分数，其反应式为

$$5C_2O_4^{2-}+2MnO_4^-+16H^+ = 10CO_2+2Mn^{2+}+8H_2O$$

在上述测定草酸根后剩余的溶液中，用锌粉将 Fe^{3+} 还原为 Fe^{2+}，再用 $KMnO_4$ 标准溶液滴定 Fe^{2+}，其反应为

$$Zn+2Fe^{3+} = 2Fe^{2+}+Zn^{2+}$$

$5Fe^{2+}+MnO_4^-+8H^+ = 5Fe^{3+}+Mn^{2+}+4H_2O$ 根据 $KMnO_4$ 标准溶液的消耗量，可计算出 Fe^{2+} 的质量分数。

根据 $n(Fe^{3+}):n(C_2O_4^{2-})=m(Fe^{2+})/55.8:m(C_2O_4^{2-})/88.0$

可确定 Fe^{3+} 和 $C_2O_4^{2-}$ 的配位比。

4. 产物的表征

通过测定配合物磁化率，可推算出配合物中心离子的未成对电子数，进而推断出中心离子外层电子的结构、配键类型。

三、仪器与药品

1. 仪器

托盘天平，电子分析天平，烧杯（10mL、250mL），量筒（10mL、100mL），长颈漏斗，布氏漏斗，吸滤瓶，真空泵，表面皿，称量瓶，干燥器，烘箱，锥形瓶（250mL），酸式滴定管（50mL），磁天平，红外光谱仪，玛瑙研钵。

2. 药品

H_2SO_4（2mol/L），H_2O_2（5%），$(NH_4)_2Fe(SO_4)_2\cdot 6H_2O(s)$，$K_2C_2O_4$（饱和），KSCN（0.1mol/L），$CaCl_2$（0.5mol/L），$FeCl_3$（0.1mol/L），$Na_3[Co(NO_2)_6]$，$KMnO_4$ 标准溶液（0.01mol/L，教师提前标定），乙醇（95%），丙酮。

四、实验步骤

1. 三草酸合铁(Ⅲ)酸钾的制备

(1) 制取 $FeC_2O_4\cdot 2H_2O$

称取 6.0 g$(NH_4)_2Fe(SO_4)_2\cdot 6H_2O$ 放入 250mL 烧杯中，加入 1.5mL 2mol/L H_2SO_4 和 20mL 去离子水，加热使其溶解。另称 取 3.0 g $H_2C_2O_4\cdot 2H_2O$。放到 100mL 烧杯中，

加 30mL 去离子水微热，溶解后取出 22mL 倒入上述 250mL 烧杯中，加热搅拌至沸，并维持微沸 5min。静置，得到黄色 $FeC_2O_4 \cdot 2H_2O$ 沉淀。用倾斜法倒出清液，用热去离子水洗涤沉淀 3 次，以除去可溶性杂质。

（2）制备 $K_3[Fe(C_2O_4)_3] \cdot 3H_2O$

在上述洗涤过的沉淀中，加入 15mL 饱和 $K_2C_2O_4$ 溶液，水浴加热至 40℃，滴加 25mL 5% H_2O_2的溶液，不断搅拌溶液并维持温度在 40℃左右。滴加完后，加热溶液至沸以除去过量的 H_2O_2，取适量上述（1）中配制的 $H_2C_2O_4$ 溶液趁热加入使沉淀溶解至呈现翠绿色为止。冷却后，加入 15mL 95%的乙醇，在暗处放置，结晶。减压过滤，抽干后用少量无水乙醇洗涤产品，继续抽干，称量，计算产率，并将晶体放在干燥器内避光保存。

2. 产物的定性分析

（1）K^+ 的鉴定

在试管中加入少量产物，用去离子水溶解，再加入 1mL $Na_3[Co(NO_2)_6]$溶液，放置片刻，观察现象。

（2）Fe^{3+} 的鉴定

在试管中加入少量产物，用去离子水溶解。另取一支试管加入少量的 $FeCl_3$ 溶液。各加入 2 滴 0.1mol/L KSCN，观察现象。在装有产物溶液的试管中加入 3 滴 2mol/L H_2SO_4，再观察溶液颜色有何变化，解释实验现象。

（3）$C_2O_4^{2-}$ 的鉴定

在试管中加入少量产物，用去离子水溶解。另取一试管加入少量 $K_2C_2O_4$ 溶液。各加入 2 滴 0.5mol/L $CaCl_2$ 溶液，观察实验现象有何不同。

（4）用红外光谱鉴定 $C_2O_4^{2-}$ 与结晶水

取少量 KBr 晶体及小于 KBr 用量 1%的样品，在玛瑙研钵中研细，压片，在红外光谱仪上测定红外吸收光谱，将谱图的各主要谱带与标准红外光谱图对照，确定是否含有 $C_2O_4^{2-}$ 及结晶水。

3. 产物组成的定量分析

（1）结晶水质量分数的测定

洗净两个称量瓶，在 110℃电烘箱中干燥 1h，置于干燥器中冷却至室温后，在电子分析天平上称量。然后再放到 110℃电烘箱中干燥 0.5h，重复上述干燥-冷却-称量操作，直至质量恒定（两次称量相差不超过 0.3mg）为止。

在电子分析天平上准确称取两份产品各 0.5～0.6g，分别放入上述已质量恒定的两个称量瓶中。在 110℃电热烘箱中干燥 1h，然后置于干燥器中冷却至室温后，称量。重复上述干燥（改为 0.5h）-冷却-称量操作，直至质量恒定。根据称量结果计算产品中结晶水的质量分数。

（2）草酸根质量分数的测量

在电子分析天平上准确称取两份产物（约 0.15～0.20g），分别放入两个锥形瓶中，均加入 15mL 2mol/L H_2SO_4 和 15mL 去离子水，微热溶解，加热至 75～85℃（即液面冒水蒸气），趁热用 0.0200mol/L $KMnO_4$ 标准溶液滴定至粉红色为终点（保留溶液待下一步分析使用）。根据消耗 $KMnO_4$ 溶液的体积，计算产物中草酸根的质量分数。

（3）铁质量分数的测量

在上述（2）保留的溶液中加入一小勺锌粉，加热近沸，直到黄色消失，将 Fe^{3+} 还原为

Fe^{2+}即可。趁热过滤除去多余的锌粉，滤液收集到另一锥形瓶中，再用5mL去离子水洗涤漏斗，并将洗涤液也一并收集在上述锥形瓶中。继续用0.0200mol/L $KMnO_4$标准溶液进行滴定，至溶液呈粉红色。根据消耗$KMnO_4$溶液的体积，计算Fe^{3+}的质量分数。

根据（1）、（2）、（3）的实验结果，计算K^+的质量分数，结合实验步骤（2）的结果，推断出配合物的化学式。

五、注意事项

$K_3[Fe(C_2O_4)_3]$溶液未达饱和，冷却时不析出晶体，可以继续加热蒸发、浓缩，直至稍冷后表面出现晶膜。

六、问题与讨论

1. 氧化FeC_2O_4时，氧化温度控制在40℃，不能太高，为什么？

2. $KMnO_4$滴定$C_2O_4^{2-}$时，要加热，又不能使温度太高（75～85℃），为什么？

实验三　p区元素——氧、硫

一、实验目的

1. 掌握过氧化氢的主要性质。

2. 掌握硫化氢的还原性、亚硫酸及其盐的性质、硫代硫酸及其盐的性质和过二硫酸盐的氧化性。

3. 学会H_2O_2、S^{2-}、SO_3^{2-}、$S_2O_3^{2-}$的鉴定方法。

二、实验原理

过氧化氢具有强氧化性，它也能被更强的氧化剂氧化为氧气。酸性溶液中H_2O_2与$Cr_2O_7^{2-}$反应生成蓝色的CrO_5，这一反应用于鉴定H_2O_2。

H_2S具有强还原性。在含有S^{2-}的溶液中加入稀盐酸，生成的H_2S气体能使湿润的$Pb(Ac)_2$试纸变黑。在碱性溶液中，S^{2-}与$[Fe(CN)_5NO]^{2-}$反应生成紫色配合物$[Fe(CN)_5NOS]^{4-}$。这两种方法用于鉴定S^{2-}。

SO_2溶于水生成不稳定的亚硫酸。亚硫酸及其盐常用作还原剂，但遇到强还原剂时也起氧化作用。H_2SO_3可与某些有机物发生加成反应生成无色加成物，所以具有漂白性。而加成物受热时往往容易分解。SO_3^{2-}与$[Fe(CN)_5NO]^{2-}$反应生成红色配合物，加入饱和$ZnSO_4$溶液和$K_4[Fe(CN)_6]$溶液，会使红色明显加深。这种方法用于鉴定SO_3^{2-}。

硫代硫酸不稳定，因此硫代硫酸盐遇酸容易分解。$Na_2S_2O_3$常用作还原剂，还能与某些金属离子形成配合物。$S_2O_3^{2-}$与Ag^+反应能生成白色的$Ag_2S_2O_3$沉淀，$Ag_2S_2O_3$能迅速分解为Ag_2S和H_2SO_4。这一过程伴随颜色由白色变为黄色、棕色，最后变为黑色。这一方法用于鉴定$S_2O_3^{2-}$。

过二硫酸盐是强氧化剂，在酸性条件下能将Mn^{2+}氧化为MnO_4^-，有Ag^+（作催化剂）存在时，此反应速率增大。

三、仪器与药品

1. 仪器

离心机，水浴锅，点滴板，pH试纸，醋酸铅试纸，蓝色石蕊试纸。

2. 药品

H_2SO_4（1mol/L、2mol/L、浓），HCl 溶液（2.0mol/L、浓），HNO_3（2mol/L、浓），HAc（6mol/L），$NH_3 \cdot H_2O$（2mol/L），NaOH（2.0mol/L），$KMnO_4$（0.01mol/L），$K_2Cr_2O_7$（0.1mol/L），$FeCl_3$（0.1mol/L），$ZnSO_4$（饱和），$Na_2[Fe(CN)_5NO]$（1%，新配），$K_4[Fe(CN)_6]$（0.1mol/L），$Na_2S_2O_3$（0.1mol/L），Na_2SO_3（0.1mol/L），Na_2S（0.1mol/L），$(NH_4)_2CO_3$（12%），$AgNO_3$（0.1mol/L），$(NH_4)_2S_2O_8$（0.2mol/L），$BaCl_2$（1mol/L），$MnSO_4$（0.1mol/L），$NaHSO_3$（0.1mol/L），MnO_2 固体，$(NH_4)_2S_2O_8$ 固体，硫粉，锌粒，CCl_4，戊醇，H_2S 溶液（饱和），H_2O_2（3%），品红溶液，碘水（0.01mol/L、饱和），SO_2 溶液（饱和），淀粉溶液。

四、实验步骤

1. 过氧化氢的性质

① 制备少量 PbS 沉淀，离心分离，弃去清液，水洗沉淀后加入 3%的 H_2O_2 溶液，观察现象。写出有关的反应方程式。

② 取 3%的 H_2O_2 溶液和戊醇各 0.5mL，加入几滴 1mol/L H_2SO_4 溶液和 1 滴 0.1mol/L $K_2Cr_2O_7$，摇荡试管，观察现象。写出反应方程式。

2. 硫化氢的还原性和 S^{2-} 的鉴定

① 取几滴 0.01mol/L $KMnO_4$ 溶液，用稀 H_2SO_4 酸化后，再滴加饱和 H_2S 溶液，观察现象。写出反应方程式。

② 试验 0.1mol/L $FeCl_3$ 溶液与饱和 H_2S 溶液的反应，观察现象，写出反应方程式。

③ 在点滴板上加 1 滴 0.1mol/L Na_2S 溶液，再加 1 滴 1%的 $Na_2[Fe(CN)_5NO]$ 溶液，观察现象。写出离子反应方程式。

④ 在试管中加几滴 0.1mol/L Na_2S 溶液和 2mol/L HCl 溶液，用湿润的 $Pb(Ac)_2$ 试纸检查逸出的气体。写出有关的反应方程式。

3. 多硫化物的生成和性质

在试管中加入 0.1mol/L Na_2S 溶液和少量硫粉，加热数分钟，观察溶液颜色的变化。吸取清液于另一试管中，加入 2mol/L HCl 溶液，观察现象，并用湿润的 $Pb(Ac)_2$ 试纸检查逸出的气体。写出有关的反应方程式。

4. 亚硫酸的性质和 SO_3^{2-} 的鉴定

① 取几滴饱和碘水，加 1 滴淀粉溶液，再加数滴饱和 SO_2 溶液，观察现象。写出反应方程式。

② 取几滴饱和 H_2S 溶液，滴加饱和 SO_2 溶液，观察现象。写出反应方程式。

③ 取 3mL 品红溶液，加入 1～2 滴饱和 SO_2 溶液，摇荡后静止片刻，观察溶液颜色的变化。

④ 在点滴板上加饱和 $ZnSO_4$ 溶液和 0.1mol/L $K_4[Fe(CN)_6]$ 溶液各 1 滴，再加 1 滴 1%的 $Na_2[Fe(CN)_5NO]$ 溶液，最后加 1 滴含 SO_3^{2-} 的溶液，用玻璃棒搅拌，观察现象。

5. 硫代硫酸及其盐的性质

① 在试管中加入几滴 0.1mol/L $Na_2S_2O_3$ 溶液和 2mol/L HCl 溶液，摇荡片刻，观察现象，并用湿润的蓝色石蕊试纸检验逸出的气体。写出反应方程式。

② 取几滴 0.01mol/L 碘水，加 1 滴淀粉溶液，逐滴加入 0.1mol/L $Na_2S_2O_3$ 溶液，观

察现象。写出反应方程式。

③ 取几滴饱和氯水，滴加 0.1mol/L $Na_2S_2O_3$ 溶液，并检验是否有 SO_4^{2-} 生成。

④ 在点滴板上加 1 滴 0.1mol/L $Na_2S_2O_3$ 溶液，再滴加 0.1mol/L $AgNO_3$ 溶液至生成白色沉淀，观察颜色的变化。写出有关的反应方程式。

6. 过硫酸盐的氧化性

取几滴 0.1mol/L $MnSO_4$ 溶液，加入 2mL 1mol/L H_2SO_4 溶液和 1 滴 0.1mol/L $AgNO_3$ 溶液再加入少量 $(NH_4)_2S_2O_8$ 固体，在水浴中加热片刻，观察溶液颜色的变化。写出反应方程式。

五、注意事项

1. 仔细观察实验现象，写出化学方程式。

2. 氯水、碘水等溶液的配制。

六、问题与讨论

1. 实验室长期放置的 H_2S 溶液、Na_2S 溶液和 Na_2SO_3 溶液会发生什么变化？

2. 鉴定 $Na_2S_2O_3$ 时，$AgNO_3$ 溶液应过量，否则会出现什么现象？为什么？

实验四　p 区元素——氯、溴、碘

一、实验目的

1. 掌握卤素单质氧化性和卤化氢还原性的递变规律。

2. 掌握卤素含氧酸盐的氧化性。

3. 学会 Cl^-、Br^-、I^- 的鉴定方法。

二、实验原理

氯、溴、碘氧化性强弱的次序为 $Cl_2 > Br_2 > I_2$。卤化氢还原性强弱的次序为 HI>HBr>HCl。HBr 和 HI 能分别将浓 H_2SO_4 还原为 SO_2 和 H_2S。Br^- 能被 Cl_2 氧化为 Br_2，在 CCl_4 中呈棕黄色。I^- 能被 Cl_2 氧化为 I_2，在 CCl_4 中呈紫色，当 Cl_2 过量时，I_2 被氧化为无色的 IO_3^-。

次氯酸及其盐具有强氧化性。酸性条件下，卤酸盐都具有强氧化性，其强弱次序为 $BrO_3^- > ClO_3^- > IO_3^-$。

Cl^-、Br^-、I^- 与 Ag^+ 反应分别生成 AgCl、AgBr、AgI 沉淀，它们的溶度积依次减小，都不溶于稀 HNO_3。AgCl 能溶于稀氨水或 $(NH_4)_2CO_3$ 溶液，生成 $[Ag(NH_3)_2]^+$，再加入稀 HNO_3 时，AgCl 会重新沉淀出来，由此可以鉴定 Cl^- 的存在。AgBr 和 AgI 不溶于稀氨水或 $(NH_4)_2CO_3$ 溶液，它们在 HAc 介质中能被锌还原为 Ag，可使 Br^-、I^- 转入溶液中，再用氯水将其氧化，可以鉴定 Br^-、I^- 的存在。

三、仪器与药品

1. 仪器

离心机，水浴锅，点滴板，pH 试纸，淀粉-KI 试纸，蓝色石蕊试纸。

2. 药品

H_2SO_4（1mol/L、2mol/L、(1＋1)），HCl 溶液（2.0mol/L、浓），HNO_3（2mol/L、浓），HAc（6mol/L），$NH_3 \cdot H_2O$（2mol/L），NaOH（2.0mol/L），$KMnO_4$（0.01mol/L），

KI（0.1mol/L），KBr（0.1mol/L、0.5mol/L），$K_2Cr_2O_7$（0.1mol/L），NaCl（0.1mol/L），$KClO_3$（饱和），$KBrO_3$（饱和），KIO_3（0.1mol/L），$(NH_4)_2CO_3$（12%），$AgNO_3$（0.1mol/L），NaCl 固体，KBr 固体，KI 固体，锌粒，CCl_4，戊醇，氯水（饱和），碘水（0.01mol/L、饱和），淀粉溶液，$NaHSO_3$（0.1mol/L）。

四、实验步骤

1. 卤化氢的还原性

在3支干燥的试管中分别加入米粒大小的 NaCl、KBr 和 KI 固体，再分别加入2～3滴浓 H_2SO_4 观察现象，并分别用湿润的 pH 试纸、淀粉- KI 试纸和 $Pb(Ac)_2$ 试纸检验逸出的气体（应在通风橱内逐个进行实验，并立即清洗试管）。写出反应方程式。

2. 氯、溴、碘含氧酸盐的氧化性

① 取 2mL 氯水，逐滴加入 2mol/L NaOH 溶液至呈弱碱性，然后将溶液分装在3支试管中。在第一支试管中加入 2mol/L HCl 溶液，用湿润的淀粉-KI 试纸检验逸出的气体；在第二支试管中滴加 0.1mol/L KI 溶液及1滴淀粉溶液；在第三支试管中滴加品红溶液。观察现象，写出有关的反应方程式。

② 取几滴饱和 $KClO_3$ 溶液，加入几滴浓盐酸，并检验逸出的气体。写出反应方程式。

③ 取2～3滴 0.1mol/L KI 溶液，加入4滴饱和 $KClO_3$ 溶液，再逐滴加入（1+1）H_2SO_4 溶液，不断摇荡，观察溶液颜色的变化。写出每一步的反应方程式。

④ 取几滴 0.1mol/L KIO_3 溶液，酸化后加数滴 CCl_4，再滴加 0.1mol/L $NaHSO_3$ 溶液，摇荡，观察现象。写出离子反应方程式。

3. Cl^-、Br^- 和 I^- 的鉴定

① 取2滴 0.1mol/L NaCl 溶液，加入1滴 2mol/L HNO_3 溶液和2滴 0.1mol/L $AgNO_3$ 溶液，观察现象。在沉淀中加入数滴 2mol/L 氨水溶液，振荡使沉淀溶解，再加数滴 2mol/L HNO_3 溶液，观察有何变化。写出有关的离子反应方程式。

② 取2滴 0.1mol/L KBr 溶液，加1滴 2mol/L H_2SO_4 和 0.5mL CCl_4，再逐滴加入氯水，边加边摇荡，观察 CCl_4 层颜色的变化。写出离子反应方程式。

③ 用 0.1mol/L KI 溶液代替 KBr 重复上述实验。写出离子反应方程式。

4. Cl^-、Br^- 和 I^- 的分离与鉴定

取 0.1mol/L NaCl 溶液、0.1mol/L KBr 溶液、0.1mol/L KI 溶液各2滴混匀。设计方法将其分离并鉴定。给定试剂为：2mol/L HNO_3 溶液、0.1mol/L $AgNO_3$ 溶液、12%的 $(NH_4)_2CO_3$ 溶液、锌粒、6mol/L HAc 溶液、CCl_4 和饱和氯水。图示分离和鉴定步骤，写出现象和有关反应的离子方程式。

五、注意事项

1. 在实验时用的氯水要新制，并注意在通风橱里进行。

2. 注意实验安全，有毒气体生成时在通风橱里进行。

六、问题讨论

1. 用 NaOH 溶液和氯水配制 NaClO 溶液时，碱性太强会给后面的实验造成什么影响？

2. 酸性条件下 $KBrO_3$ 溶液与 KBr 溶液会发生什么反应？$KBrO_3$ 溶液与 KI 溶液又会发生什么反应？

3. 鉴定 Cl^- 时，为什么要先加稀 HNO_3？而鉴定 Br^- 和 I^- 时为什么先加稀 H_2SO_4 而不加稀 HNO_3？

实验五　d区元素——钛、钒

一、实验目的

1. 了解钛(Ⅳ）和钒（Ⅴ）的氧化物及含氧酸盐的生成和性质。

2. 了解低氧化值的钛和钒化合物的生成和性质。

3. 观察各种氧化值的钛和钒的化合物的颜色。

二、实验原理

1. 钛的化合物

TiO_2 既不溶于水也不溶于稀酸和稀碱溶液，但在热的浓硫酸中能够缓慢地溶解，生成硫酸钛或硫酸氧钛。将此溶液加热煮沸，则发生水解，得到不溶于酸碱的β-钛酸。若加碱于新配制的酸性钛盐中，则可得到能溶于稀酸或浓碱的α-钛酸。

在 TiO^{2+} 溶液中加入过氧化氢，呈现出特征颜色：在强酸性溶液中显红色；在稀酸或中性溶液中显橙黄色。利用这一反应可以进行 Ti(Ⅳ）或 H_2O_2 的比色分析。反应为：

$$TiO^{2+} + H_2O_2 = [TiO(H_2O_2)]^{2+}$$

$TiCl_4$ 是共价占优势的化合物，常温下是无色液体，具有刺激性的臭味；它极易水解，暴露在空气中会发烟：

$$TiCl_4 + 2H_2O = TiO_2 + 4HCl$$

在酸性溶液中用锌还原钛氧离子 TiO^{2+}，可得紫色的 $[Ti(H_2O)_6]^{3+}$：

$$2TiO^{2+} + Zn + 10H_2O + 4H^+ = 2[Ti(H_2O)_6]^{3+} + Zn^{2+}$$

Ti^{3+} 易水解：

$$[Ti(H_2O)_6]^{3+} = [Ti(OH)(H_2O)_5]^{2+} + H^+$$

或

$$Ti^{3+} + H_2O = Ti(OH)^{2+} + H^+$$

向 Ti^{3+} 的溶液中加入可溶性碳酸盐时，有 $Ti(OH)_3$ 沉淀生成：

$$2Ti^{3+} + 3CO_3^{2-} + 3H_2O = 2Ti(OH)_3(s) + 3CO_2(g)$$

在酸性溶液中，Ti^{3+} 有强还原性，能将 Cu^{2+}、Fe^{3+} 分别还原为 Cu^+、Fe^{2+}，也可被空气中的氧气氧化：

$$Ti^{3+} + Cu^{2+} + Cl^- + H_2O = CuCl + TiO^{2+} + 2H^+$$

$$Ti^{3+} + Fe^{3+} + H_2O = TiO^{2+} + Fe^{2+} + 2H^+$$

$$4Ti^{3+} + O_2 + 2H_2O = 4TiO^{2+} + 4H^+$$

2. 钒的化合物

V_2O_5 是橙黄色或砖红色的晶体，有毒，微溶于水（约 0.07g/100g H_2O）而呈淡黄色，具有两性，但酸性占优势，溶于碱生成偏钒酸盐：

$$V_2O_5 + 2NaOH = 2NaVO_3 + H_2O$$

在强碱性溶液中则生成正钒酸盐：

$$V_2O_5 + 6NaOH = 2Na_3VO_4 + 3H_2O$$

向正钒酸盐溶液中加酸，随着 H^+ 浓度增加会生成不同聚合度的多钒酸盐。

V_2O_5 能把盐酸中的 Cl^- 氧化为 Cl_2，本身被还原为蓝色的 VO^{2+}；在酸性介质中，VO^{2+} 是一种较强的氧化剂：

$$V_2O_5+6HCl \xlongequal{} 2VOCl_2+Cl_2+3H_2O$$

或
$$2VO_2^+ +2Cl^- +4H^+ \xlongequal{} 2VO^{2+}+Cl_2+2H_2O$$

VO_2^+ 也可被 Fe^{2+} 或 $H_2C_2O_4$ 还原为 VO^{2+}：

$$VO_2^+ +Fe^{2+}+2H^+ \xlongequal{} VO^{2+}+Fe^{3+}+H_2O$$

$$2VO_2^+ +H_2C_2O_4+2H^+ \xlongequal{} 2VO^{2+}+2CO_2+2H_2O$$

上述反应可用于钒的鉴定。

在 V(Ⅴ) 的酸性溶液中加 H_2O_2，可生成红色的 $[V(O_2)]^{3+}$：

$$NH_4VO_3+H_2O_2+4HCl \xlongequal{} [V(O_2)]Cl_3+NH_4Cl+3H_2O$$

在酸性溶液中，V(Ⅴ) 可被锌逐渐还原为 V(Ⅳ)、V(Ⅲ)、V(Ⅱ)，使溶液颜色发生由蓝⟶暗绿⟶紫红的演变过程：

$$2VO_2Cl+Zn+4HCl \xlongequal{} 2VOCl_2(\text{蓝})+ZnCl_2+2H_2O$$

$$2VOCl_2+Zn+4HCl \xlongequal{} 2VCl_3(\text{暗绿})+ZnCl_2+2H_2O$$

$$2VCl_3+Zn \xlongequal{} 2VCl_2(\text{紫红})+ZnCl_2$$

三、仪器与药品

1. 仪器

坩埚，坩埚钳，电热套，水浴锅，试管。

2. 药品

H_2SO_4 (2mol/L、浓)，HCl 溶液 (6.0mol/L、浓)，$H_2C_2O_4$ (1.0mol/L)，HNO_3 (2mol/L、浓)，$NH_3 \cdot H_2O$ (2mol/L)，NaOH (2.0mol/L、6.0mol/L、40%)，$KMnO_4$ (0.1mol/L)，$TiCl_4$ (0.1mol/L)，$TiOSO_4$ (0.1mol/L)，Na_2CO_3 (1.0mol/L)，VO_2Cl (0.5mol/L)，$FeSO_4$ (0.1mol/L)，$CuCl_2$ (0.5mol/L)，TiO_2 固体，锌粒，NH_4VO_3 固体，H_2O_2 (3%)，pH 试纸，淀粉-KI 试纸。

四、实验步骤

1. 钛的化合物

(1) TiO_2 的性质

在 5 支试管中分别加入少量 TiO_2(s)，再分别加入 2mL 的去离子水和下列溶液：2.0mol/L H_2SO_4、2.0mol/L NaOH、浓 H_2SO_4、40% NaOH。摇荡试管，TiO_2 是否溶解？然后再逐个加热（加热时要防止溶液溅出，尤其是浓 H_2SO_4 和 NaOH)，此时 TiO_2 是否溶解？如能溶解，写出反应方程式（保留加有浓 H_2SO_4 的试管备用）。

(2) α-钛酸的生成和性质

向 (1) 中所保留的加有浓 H_2SO_4 的试管中滴加 2.0mol/L $NH_3 \cdot H_2O$ 溶液至有大量沉淀生成为止，观察沉淀的颜色。离心分离，将沉淀分成三份，第一份加过量的 6.0mol/L NaOH 溶液，第二份加过量 6.0mol/L HCl 溶液，沉淀是否溶解？第三份供实验 (3) 用。

(3) β-钛酸的生成和性质

在实验 (2) 的第三份 α-钛酸中加少量水，加热煮沸 1～2min，离心分离，然后将沉淀分成两份，分别加 6.0mol/L NaOH 溶液和 6.0mol/L HCl，观察是否溶解。

通过实验 (2)、(3)，比较 α-钛酸和 β-钛酸的生成条件和性质有何不同？

(4) 过氧钛酰离子的生成

在 1mL 0.1mol/L $TiOSO_4$ 溶液中滴加 3% H_2O_2 溶液，观察溶液的颜色。写出反应方程式。

(5) $TiCl_4$ 的性质

① 将 $TiCl_4$ 试剂瓶塞打开（因烟雾较多，最好在通风橱内进行），有何现象？

② 在试管中加入 2mL 去离子水，滴加 0.1mol/L $TiCl_4$ 溶液，有何现象？再加入几滴浓盐酸，有无变化？

(6) Ti(Ⅲ) 的性质

在 2mL 0.1mol/L $TiOSO_4$ 溶液中加 2 颗锌粒，观察溶液颜色的变化。静置 2min 后将清液分成两份，分别加入 1.0mol/L Na_2CO_3 溶液和 0.5mol/L $CuCl_2$ 溶液，有何现象？写出反应方程式。

2. 钒的化合物

(1) V_2O_5 的生成和性质

取少量 NH_4VO_3(s) 于坩埚中，小心加热并不断搅拌，待产物呈现橙红色时停止加热，冷却后将产物分装于 6 支试管。

在试管 1 中加 2mL 去离子水，并煮沸之，观察固体是否溶解。待冷却后用 pH 试纸测其 pH。

在试管 2 中加 2mL 2.0mol/L H_2SO_4 溶液，固体是否溶解？

在试管 3 中加 2mL 浓 H_2SO_4，固体是否溶解？然后将所得溶液慢慢倒入水中，观察颜色有何变化。写出反应方程式（保留此溶液备用）。

在试管 4 中加 2mL 2.0mol/L NaOH 溶液，加热，观察有何变化。

在试管 5 中加 2mL 40% NaOH 溶液，并加热，观察现象。用 2.0mol/L H_2SO_4 溶液将 pH 调至 6.5 左右，观察溶液的颜色，然后继续加酸，使 pH=2，溶液颜色又有何变化？有无沉淀生成？继续加酸到 pH 为 1 时，又有何变化？

在试管 6 中加 2mL 浓 HCl 并煮沸，注意产物的颜色。怎样证明有氯气放出？用水稀释，颜色又有何变化？写出反应方程式。

将试管 3 中保留的溶液分为甲、乙、丙三份。

向甲中滴加 0.1mol/L $FeSO_4$ 溶液，观察溶液颜色的变化。写出反应方程式。

向乙中滴加 1.0mol/L $H_2C_2O_4$ 溶液并加热，观察溶液颜色的变化。写出反应方程式。

向丙中滴加 3% H_2O_2 溶液，又有何现象发生？写出反应方程式。

(2) 各种氧化态的钒化合物的颜色

在 5mL 0.5mol/L 氯化氧钒（VO_2Cl）溶液中加入两颗锌粒，反应过程中溶液的颜色逐渐由蓝色→暗绿色→紫色。将紫色溶液分成两份（一份 4mL，另一份 1mL），较少的一份留作比较，向较多的一份滴加 0.1mol/L $KMnO_4$ 溶液，到溶液变成暗绿色为止；将暗绿色溶液再分为两份，较少的一份留作比较，向较多的一份中继续加 $KMnO_4$ 溶液至变成蓝色为止；将蓝色溶液再分为两份，一份作比较，另一份继续加 $KMnO_4$ 溶液至出现黄色为止。

试根据上述实验确定各种氧化态的钒（VO_2^+、VO^{2+}、V^{3+}、V^{2+}）的颜色，并写出各步反应方程式。

五、注意事项

1. 本实验中有氯气生成，注意实验安全，在通风橱中进行。

2. 将钛、钒化合物的性质实验与理论相结合，形成系统知识。

六、问题与讨论

1. 过氧钛酰离子是怎样得到的？

2. Ti(Ⅲ) 的性质如何？

3. 实验室中如何制备 V_2O_5？其性质如何？

4. VO_2^+、VO^{2+}、V^{3+}、V^{2+} 各为什么颜色？

实验六　d区元素——铬、锰、铁、钴、镍

一、实验目的

1. 掌握铬、锰、铁、钴、镍氢氧化物的酸碱性和氧化还原性。

2. 掌握铬、锰重要氧化态之间的转化反应及其条件。

3. 掌握铁、钴、镍配合物的生成和性质。

4. 掌握锰、铁、钴、镍硫化物的生成和溶解性。

5. 学习 Cr^{3+}、Mn^{2+}、Fe^{2+}、Fe^{3+}、Co^{2+}、Ni^{2+} 的鉴定方法。

二、实验原理

铬、锰、铁、钴、镍是第四周期第ⅥB～Ⅷ族元素，它们都能形成多种氧化值的化合物。铬的重要氧化值为+3和+6；锰的重要氧化值为+2、+4、+6和+7；铁、钴、镍的重要氧化值都是+2和+3。

$Cr(OH)_3$ 是两性氢氧化物。$Mn(OH)_2$ 和 $Fe(OH)_2$ 都很容易被空气中的 O_2 氧化，$Co(OH)_2$ 也能被空气中的 O_2 慢慢氧化。由于 Co^{3+} 和 Ni^{3+} 都具有强氧化性，$Co(OH)_3$ 和 $Ni(OH)_3$ 与浓盐酸反应分别生成 Co(Ⅱ) 和 Ni(Ⅱ)，并放出氯气。$Co(OH)_3$ 和 $Ni(OH)_3$ 通常分别由 Co(Ⅱ) 和 Ni(Ⅱ) 的盐在碱性条件下用强氧化剂氧化得到，例如：

$$2Ni^{2+} + 6OH^- + Br_2 = 2Ni(OH)_3(s) + 2Br^-$$

Cr^{3+} 和 Fe^{3+} 都易发生水解反应。Fe^{3+} 具有一定的氧化性，能与强还原剂反应生成 Fe^{2+}。

酸性溶液中 Cr^{3+} 和 Mn^{2+} 的还原性都较弱，只有用强氧化剂才能将它们分别氧化为 $Cr_2O_7^{2-}$ 和 MnO_4^-。在酸性条件下利用 Mn^{2+} 和 $NaBiO_3$ 的反应可以鉴定 Mn^{2+}。

在碱性溶液中，$[Cr(OH)_4]^-$ 可被 H_2O_2 氧化为 CrO_4^{2-}。在酸性溶液中 CrO_4^{2-} 转变为 $Cr_2O_7^{2-}$，$Cr_2O_7^{2-}$ 与 H_2O_2 反应能生成深蓝色的 CrO_5：

$$Cr_2O_7^{2-} + 4H_2O_2 + 2H^+ \xlongequal{\text{戊醇}} 2CrO_5 + 5H_2O$$

由此可以鉴定 Cr^{3+}。

在重铬酸盐溶液中分别加入 Ag^+、Pb^{2+}、Ba^{2+} 等，能生成相应的铬酸盐沉淀。

$Cr_2O_7^{2-}$ 和 MnO_4^- 都具有强氧化性。酸性溶液中 $Cr_2O_7^{2-}$ 被还原为 Cr^{3+}。MnO_4^- 在酸性、中性、强碱性溶液中的还原产物分别为 Mn^{2+}、MnO_2 沉淀和 MnO_4^{2-}。强碱性溶液中 MnO_4^- 与 MnO_2 反应也能生成 MnO_4^{2-}。在酸性甚至近中性溶液中 MnO_4^{2-} 歧化为 MnO_4^- 和 MnO_2。在酸性溶液中，MnO_2 也是强氧化剂。

MnS、FeS、CoS、NiS 都能溶于稀酸，MnS 还能溶于 HAc 溶液。这些硫化物需要在弱碱性溶液中制得。生成的 CoS 和 NiS 沉淀由于晶体结构改变而难溶于稀酸。

铬、锰、铁、钴、镍都能形成多种配合物。Co^{2+} 和 Ni^{2+} 能与过量的氨水反应分别能生成 $[Co(NH_3)_6]^{2+}$ 和 $[Ni(NH_3)_6]^{2+}$。$[Co(NH_3)_6]^{2+}$ 容易被空气中的 O_2 氧化为 $[Co(NH_3)_6]^{3+}$。Fe^{2+} 与 $[Fe(CN)_6]^{3-}$ 反应，或 Fe^{3+} 与 $[Fe(CN)_6]^{4-}$ 反应，都生成蓝色沉淀，分别用于鉴定 Fe^{2+} 和 Fe^{3+}。酸性溶液中 Fe^{3+} 与 SCN^- 反应也用于鉴定 Fe^{3+}。Co^{2+} 也能与 SCN^- 反应，生成不稳定的 $[Co(SCN)_4]^{2-}$，在丙酮等有机溶剂中较稳定，此反应用于鉴定 Co^{2+}。Ni^{2+} 与丁二酮肟在弱碱性条件下反应生成鲜红色的内配盐，此反应常用于鉴定 Ni^{2+}。

三、仪器与药品

1. 仪器

离心机，电热套，水浴锅，试管。

2. 药品

HCl 溶液（2.0mol/L、6.0mol/L、浓），H_2SO_4（2.0mol/L、6.0mol/L、浓），HNO_3（2mol/L、浓），HAc（2mol/L），H_2S（饱和），NaOH（2.0mol/L、6.0mol/L、40%），$NH_3·H_2O$（2mol/L、6.0mol/L），$Pb(NO_3)_2$（0.1mol/L），$AgNO_3$（0.1mol/L），$MnSO_4$（0.1mol/L、0.5mol/L），$Cr_2(SO_4)_3$（0.1mol/L），Na_2SO_3（0.1mol/L），Na_2S（0.1mol/L），$CrCl_3$（0.1mol/L），K_2CrO_4（0.1mol/L），$K_2Cr_2O_7$（0.1mol/L），$KMnO_4$（0.01mol/L），$BaCl_2$（0.1mol/L），$FeCl_3$（0.1mol/L），$CoCl_2$（0.1mol/L、0.5mol/L），$FeSO_4$（0.1mol/L），$SnCl_2$（0.1mol/L），$NiSO_4$（0.1mol/L、0.5mol/L），KI（0.02mol/L），NaF（1mol/L），KSCN（0.1mol/L），$K_4[Fe(CN)_6]$（0.1mol/L）、$K_3[Fe(CN)_6]$（0.1mol/L），NH_4Cl（1mol/L），$K_2S_2O_8$(s)，MnO_2(s)，$NaBiO_3$(s)，PbO_2(s)，$KMnO_4$(s)，$FeSO_4·7H_2O$(s)，KSCN(s)，戊醇（或乙醚），H_2O_2（3%），溴水，碘水，丁二酮肟，丙酮，淀粉溶液，淀粉-KI 试纸。

四、实验步骤

1. 铬、锰、铁、钴、镍氢氧化物的生成和性质

① 制备少量 $Cr(OH)_3$，检验其酸碱性，观察现象。写出具体的实验步骤及有关的反应方程式。

② 在 3 支试管中各加入几滴 0.1mol/L $MnSO_4$ 溶液和 2mol/L NaOH 溶液（均预先加热除氧），观察现象。迅速检验两支试管中 $Mn(OH)_2$ 的酸碱性，振荡第三支试管，观察现象。写出有关的反应方程式。

③ 取 2mL 去离子水，加入几滴 2mol/L H_2SO_4 溶液，煮沸除去氧，冷却后加少量 $FeSO_4·7H_2O$(s) 使其溶解。在另一支试管中加入 1mL 2mol/L NaOH 溶液，煮沸驱氧。冷却后用长滴管吸取 NaOH 溶液，迅速插入 $FeSO_4$ 溶液底部挤出，观察现象。摇荡后分为三份，取两份检验酸碱性，另一份在空气中放置，观察现象。写出有关的反应方程式。

④ 在 3 支试管中各加几滴 0.5mol/L $CoCl_2$ 溶液，再逐滴加入 2mol/L NaOH 溶液，观察现象。离心分离，弃去清液，然后检验两支试管中沉淀的酸碱性，将第三支试管中的沉淀在空气中放置，观察现象。写出有关的反应方程式。

⑤ 用 0.5mol/L $NiSO_4$ 溶液代替 $CoCl_2$ 溶液，重复实验④。通过实验③～⑤比较 $Fe(OH)_2$、$Co(OH)_2$、$Ni(OH)_2$ 还原性的强弱。

⑥ 制取少量 $Fe(OH)_3$，观察其颜色和状态，检验其酸碱性。写出反应方程式。

⑦ 取几滴 0.5mol/L $CoCl_2$ 溶液，加几滴溴水，然后加入 2mol/L NaOH 溶液，摇荡试

管，观察现象。离心分离，弃去清液，在沉淀中滴加浓 HCl，并用淀粉-KI 试纸检查逸出的气体。写出有关的反应方程式。

⑧ 用 0.5mol/L $NiSO_4$ 溶液代替 $CoCl_2$ 溶液，重复实验⑦。通过实验⑥～⑧，比较 Fe(Ⅲ)、Co(Ⅲ)、Ni(Ⅲ) 氧化性的强弱。

2. Cr(Ⅲ) 的还原性和 Cr^{3+} 的鉴定

取几滴 0.1mol/L $CrCl_3$ 溶液，逐滴加入 6mol/L NaOH 溶液至过量，然后滴加 3%的 H_2O_2 溶液，微热，观察现象。待试管冷却后，再补加几滴 H_2O_2 和 0.5mL 戊醇（或乙醚），慢慢滴入 6mol/L HNO_3 溶液，摇荡试管，观察现象。写出有关的反应方程式。

3. CrO_4^{2-} 和 $Cr_2O_7^{2-}$ 的相互转化

① 取几滴 0.1mol/L K_2CrO_4 溶液，逐滴加入 2mol/L H_2SO_4 溶液，观察现象。再逐滴加入 2mol/L NaOH 溶液，观察有何变化。写出反应方程式。

② 在两支试管中分别加入几滴 0.1mol/L K_2CrO_4 溶液和 0.1mol/L $K_2Cr_2O_7$ 溶液，然后分别滴加 0.1mol/L $BaCl_2$ 溶液，观察现象。最后再分别滴加 2mol/L HCl 溶液，观察现象。写出有关的反应方程式。

4. $Cr_2O_7^{2-}$、MnO_4^-、Fe^{3+} 的氧化性与 Fe^{2+} 的还原性

① 取 2 滴 0.1mol/L $K_2Cr_2O_7$ 溶液，滴加饱和 H_2S 溶液，观察现象。写出反应方程式。

② 取 2 滴 0.01mol/L $KMnO_4$ 溶液，用 2mol/L H_2SO_4 溶液酸化，再滴加 0.1mol/L $FeSO_4$ 溶液，观察现象。写出反应方程式。

③ 取几滴 0.1mol/L $FeCl_3$ 溶液，滴加 0.1mol/L $SnCl_2$ 溶液，观察现象。写出反应方程式。

④ 将 0.01mol/L $KMnO_4$ 溶液与 0.5mol/L $MnSO_4$ 溶液混合，观察现象。写出反应方程式。

⑤ 取 2mL 0.01mol/L $KMnO_4$ 溶液，加入 1mL 40%的 NaOH，再加少量 MnO_2(s)，加热，沉降片刻，观察上层清液的颜色。取清液于另一试管中，用 2mol/L H_2SO_4 溶液酸化，观察现象。写出有关的反应方程式。

5. 铬、锰、铁、钴、镍硫化物的性质

① 取几滴 0.1mol/L $Cr_2(SO_4)_3$ 溶液，滴加 0.1mol/L Na_2S 溶液，观察现象。检验逸出的气体（可微热）。写出反应方程式。

② 取几滴 0.1mol/L $MnSO_4$ 溶液，滴加饱和 H_2S 溶液，观察有无沉淀生成。再用长滴管吸取 2mol/L $NH_3 \cdot H_2O$ 溶液，插入溶液底部挤出，观察现象。离心分离，在沉淀中滴加 2mol/L HAc 溶液，观察现象。写出有关的反应方程式。

③ 在 3 支试管中分别加入几滴 0.1mol/L $FeSO_4$ 溶液，0.1mol/L $CoCl_2$ 溶液和 0.1mol/L $NiSO_4$ 溶液，滴加饱和 H_2S 溶液，观察有无沉淀生成。再加入 2mol/L $NH_3 \cdot H_2O$ 溶液，观察现象。离心分离，在沉淀中滴加 2mol/L HCl 溶液，观察沉淀是否溶解。写出有关的反应方程式。

④ 取几滴 0.1mol/L $FeCl_3$ 溶液，滴加饱和 H_2S 溶液，观察现象。写出反应方程式。

6. 铁、钴、镍的配合物

① 取 2 滴 0.1mol/L $K_4[Fe(CN)_6]$ 溶液，然后滴加 0.1mol/L $FeCl_3$ 溶液；取 2 滴

0.1mol/L $K_3[Fe(CN)_6]$ 溶液，滴加 0.1mol/L $FeSO_4$ 溶液。观察现象，写出有关的反应方程式。

② 取几滴 0.1mol/L $CoCl_2$ 溶液，加几滴 1mol/L NH_4Cl 溶液，然后滴加 6mol/L $NH_3 \cdot H_2O$ 溶液，观察现象。摇荡后在空气中放置，观察溶液颜色的变化。写出有关的反应方程式。

③ 取几滴 0.1mol/L $CoCl_2$ 溶液，加入少量 KSCN 晶体，再加入几滴丙酮，摇荡后观察现象。写出反应方程式。

④ 取几滴 0.1mol/L $NiSO_4$ 溶液，滴加 2mol/L $NH_3 \cdot H_2O$ 溶液，观察现象。再加 2 滴丁二酮肟溶液，观察有何变化。写出有关的反应方程式。

7. 混合离子的分离与鉴定

试设计方法对下列两组混合离子进行分离和鉴定，图示步骤，写出现象和有关的反应方程式。

① 含 Cr^{3+} 和 Mn^{2+} 的混合溶液。

② 可能含 Pb^{2+}、Fe^{3+} 和 Co^{2+} 的混合溶液。

五、注意事项

1. 试总结铬、锰、铁、钴、镍氢氧化物的酸碱性和氧化还原性。

2. 在 $Co(OH)_3$ 中加入浓 HCl，有时会生成蓝色溶液，加水稀释后变为粉红色，试解释之。

六、问题与讨论

1. 在 $K_2Cr_2O_7$ 溶液中分别加入 $Pb(NO_3)_2$ 和 $AgNO_3$ 溶液会发生什么反应？

2. 酸性溶液中 $K_2Cr_2O_7$ 分别与 $FeSO_4$ 和 Na_2SO_3 反应的主要产物是什么？

3. 在酸性溶液、中性溶液、强碱性溶液中，$KMnO_4$ 与 Na_2SO_3 反应的主要产物分别是什么？

4. 试总结铬、锰、铁、钴、镍硫化物的性质。

5. 在 $CoCl_2$ 溶液中逐滴加入氨水溶液会有何现象？

6. 怎样分离溶液中的 Fe^{3+} 和 Ni^{2+}？

实验七 ds 区元素——铜、银、锌、镉、汞

一、实验目的

1. 掌握铜、银、锌、镉、汞氧化物和氢氧化物的性质。

2. 掌握铜(Ⅰ)与铜(Ⅱ)之间，汞(Ⅰ)与汞(Ⅱ)之间的转化反应及其条件。

3. 了解铜(Ⅰ)、银、汞卤化物的溶解性。

4. 掌握铜、银、锌、镉、汞硫化物的生成与溶解性。

5. 掌握铜、银、锌、镉、汞配合物的生成和性质。

6. 学习 Cu^{2+}、Ag^{+}、Zn^{2+}、Cd^{2+}、Hg^{2+} 的鉴定方法。

二、实验原理

铜和银是周期系第ⅠB族元素，价层电子构型分别为 $3d^{10}4s^1$ 和 $4d^{10}5s^1$。铜的重要氧化值为+1 和+2，银主要形成氧化值为+1 的化合物。

锌、镉、汞是周期系第ⅡB族元素，价层电子构型为 $(n-1)d^{10}ns^2$，它们都形成氧化值为+2 的化合物，汞还能形成氧化值为+1 的化合物。

$Zn(OH)_2$ 是两性氢氧化物，$Cu(OH)_2$ 两性偏碱，能溶于较浓的 NaOH 溶液。$Cu(OH)_2$ 的热稳定性差，受热分解为 CuO 和 H_2O。$Cd(OH)_2$ 是碱性氢氧化物。AgOH、$Hg(OH)_2$、$Hg_2(OH)_2$ 都很不稳定，极易脱水变成相应的氧化物，而 Hg_2O 也不稳定，易歧化为 HgO 和 Hg。

某些 Cu(Ⅱ)、Ag(Ⅰ)、Hg(Ⅱ) 的化合物具有一定的氧化性。例如 Cu^{2+} 能与 I^- 反应生成 CuI 和 I_2；$[Cu(OH)_4]^{2-}$ 和 $[Ag(NH_3)_2]^+$ 都能被醛类或某些糖类还原，分别生成 Cu_2O 和 Ag；$HgCl_2$ 与 $SnCl_2$ 反应用于 Hg^{2+} 或 Sn^{2+} 的鉴定。

水溶液中的 Cu^+ 不稳定，易歧化为 Cu^{2+} 和 Cu。CuCl 和 CuI 等 Cu(Ⅰ) 的卤化物难溶于水，通过加合反应可分别生成相应的配离子 $[CuCl_2]^-$ 和 $[CuI_2]^-$ 等，它们在水溶液中较稳定。$CuCl_2$ 溶液与铜屑及浓 HCl 混合后加热可制得 $[CuCl_2]^-$，加水稀释时会析出 CuCl 沉淀。

Cu^{2+} 与 $K_4[Fe(CN)_6]$ 在中性或弱酸性溶液中反应，生成红棕色的 $Cu_2[Fe(CN)_6]$ 沉淀，此反应用于鉴定 Cu^{2+}。

Ag^+ 与稀 HCl 反应生成 AgCl 沉淀，AgCl 溶于 $NH_3 \cdot H_2O$ 溶液生成 $[Ag(NH_3)_2]^+$，再加入稀 HNO_3 又生成 AgCl 沉淀，或加入 KI 溶液生成 AgI 沉淀。利用这一系列反应可以鉴定 Ag^+。当加入相应的试剂时，还可以实现 $[Ag(NH_3)_2]^+$、AgBr(s)、$[Ag(S_2O_3)_2]^{3-}$、AgI(s)、$[Ag(CN)_2]^-$、$Ag_2S(s)$ 的依次转化。AgCl、AgBr、AgI 等也能通过加合反应分别生成 $[AgCl_2]^-$、$[AgBr_2]^-$、$[AgI_2]^-$ 等配离子。

Cu^{2+}、Ag^+、Zn^{2+}、Cd^{2+}、Hg^{2+} 与饱和 H_2S 溶液反应都能生成相应的硫化物。ZnS 能溶于稀 HCl。CdS 不溶于稀 HCl，但溶于浓 HCl。利用黄色 CdS 的生成反应可以鉴定 Cd^{2+}。CuS 和 Ag_2S 溶于浓 HNO_3。HgS 溶于王水。

Cu^{2+}、Cu^+、Ag^+、Zn^{2+}、Cd^{2+}、Hg^{2+} 都能形成氨合物。$[Cu(NH_3)_2]^+$ 是无色的，易被空气中的 O_2 氧化为深蓝色的 $[Cu(NH_3)_4]^{2+}$。Cu^{2+}、Ag^+、Zn^{2+}、Cd^{2+}、Hg^{2+} 与适量氨水反应生成氢氧化物、氧化物或碱式盐沉淀，而后溶于过量的氨水（有的需要有 NH_4Cl 存在）。

Hg_2^{2+} 在水溶液中较稳定，不易歧化为 Hg^{2+} 和 Hg。但 Hg_2^{2+} 与氮水、饱和 H_2S 或 KI 溶液反应生成的 Hg(Ⅰ) 化合物都能歧化为 Hg(Ⅱ) 的化合物和 Hg。例如：Hg_2^{2+} 与 I^- 反应先生成 Hg_2I_2，当 I^- 过量时则生成 $[HgI_4]^{2-}$ 和 Hg。

在碱性条件下，Zn^{2+} 与二苯硫腙反应形成粉红色的螯合物，此反应用于鉴定 Zn^{2+}。

三、仪器与药品

1. 仪器

电热套，点滴板，水浴锅，试管。

2. 药品

HNO_3（2mol/L、浓），HCl 溶液（2.0mol/L、6.0mol/L、浓），H_2SO_4（2.0mol/L），HAc（2mol/L），H_2S（饱和），NaOH（2.0mol/L、6.0mol/L、40%），$NH_3 \cdot H_2O$（2mol/L、6.0mol/L），$Cu(NO_3)_2$（0.1mol/L），$Fe(NO_3)_2$（0.1mol/L），$Co(NO_3)_2$（0.1mol/L），$Ni(NO_3)_2$（0.1mol/L），$AgNO_3$（0.1mol/L），KI（0.1mol/L、2mol/L），$BaCl_2$（0.1mol/L），$CuCl_2$（1mol/L），KBr（0.1mol/L），NaCl（0.1mol/L），$Na_2S_2O_3$

(0.1mol/L)，$K_4[Fe(CN)_6]$ (0.1mol/L)，KSCN (0.1mol/L、饱和)，$Hg_2(NO_3)_2$ (0.1mol/L)，$Hg(NO_3)_2$ (0.1mol/L)，$Ba(NO_3)_2$ (0.1mol/L)，$Zn(NO_3)_2$ (0.1mol/L)，$Cd(NO_3)_2$ (0.1mol/L)，$HgCl_2$ (0.1mol/L)，NH_4Cl (1mol/L)，$SnCl_2$ (0.1mol/L)，$CuSO_4$ (0.1mol/L)，铜屑，葡萄糖溶液（10%），淀粉溶液，二苯硫腙的四氯化碳溶液，醋酸铅试纸。

四、实验步骤

1. 铜、银、锌、镉、汞的氢氧化物或氧化物的生成和性质

分别取几滴 0.1mol/L $CuSO_4$ 溶液、0.1mol/L $AgNO_3$ 溶液、0.1mol/L $Zn(NO_3)_2$ 溶液、0.1mol/L $Cd(NO_3)_2$ 溶液、0.1mol/L $Hg(NO_3)_2$ 溶液，然后滴加 2mol/L NaOH 溶液，观察现象。将每个试管中的沉淀分为两份，检验其酸碱性。写出有关的反应方程式。

2. Cu(Ⅰ) 化合物的生成和性质

① 取几滴 0.1mol/L $CuSO_4$ 溶液，滴加 6mol/L NaOH 溶液至过量，再加入 10%葡萄糖溶液，摇匀，加热煮沸几分钟，观察现象。离心分离，弃去清液，将沉淀洗涤后分为两份，一份加入 2mol/L H_2SO_4 溶液，另一份加入 6mol/L $NH_3 \cdot H_2O$ 溶液，静置片刻，观察现象。写出有关的反应方程式。

② 取 1mL 1mol/L $CuCl_2$ 溶液，加 1mL 浓盐酸和少量铜屑，加热至溶液呈泥黄色，将溶液倒入另一支盛有去离子水的试管中（将铜屑水洗后回收），观察现象。离心分离，将沉淀洗涤两次后分为两份，一份加入浓 HCl，另一份加入 2mol/L $NH_3 \cdot H_2O$ 溶液，观察现象。写出有关的反应方程式。

③ 取几滴 0.1mol/L $CuSO_4$ 溶液，滴加 0.1mol/L KI 溶液，观察现象。离心分离，在清液中加 1 滴淀粉溶液，观察现象。将沉淀洗涤两次后，滴加 2mol/L KI 溶液，观察现象，再将溶液加水稀释，观察有何变化。写出有关的反应方程式。

3. Cu^{2+} 的鉴定

在点滴板上加 1 滴 0.1mol/L $CuSO_4$ 溶液，再加 1 滴 2mol/L HAc 溶液和 1 滴 0.1mol/L $K_4[Fe(CN)_6]$ 溶液，观察现象。写出反应方程式。

4. Ag(Ⅰ) 系列实验

取几滴 0.1mol/L $AgNO_3$ 溶液，从 Ag^+ 开始选用适当的试剂试验，依次经 AgCl(s)、$[Ag(NH_3)_2]^+$、AgBr(s)、$[Ag(S_2O_3)_2]^{3-}$、AgI(s)、$[Ag(CN)_2]^-$、$[AgI_2]^-$ 到最后 Ag_2S(s) 的转化，观察现象。写出有关的反应方程式。

5. 银镜反应

在 1 支干净的试管中加入 1mL 0.1mol/L $AgNO_3$ 溶液，滴加 2mol/L $NH_3 \cdot H_2O$ 溶液至生成的沉淀刚好溶解，加 2mL 10%的葡萄糖溶液，放在水浴锅中加热片刻，观察现象。然后倒掉溶液，加 2mol/L HNO_3 溶液使银溶解。写出有关的反应方程式。

6. 铜、银、锌、镉、汞硫化物的生成和性质

在 6 支试管中分别加入 1 滴 0.1mol/L $CuSO_4$ 溶液、0.1mol/L $AgNO_3$ 溶液、0.1mol/L $Zn(NO_3)_2$ 溶液、0.1mol/L $Cd(NO_3)_2$ 溶液、0.1mol/L $Hg(NO_3)_2$ 溶液和 0.1mol/L $Hg_2(NO_3)_2$ 溶液，再各滴加饱和 H_2S 溶液，观察现象。离心分离，试验 CuS 和 Ag_2S 在浓 HNO_3 中、ZnS 在稀盐酸中、CdS 在 6mol/L HCl 溶液中、HgS 在王水中的溶解性。写出反应方程式。

7. 铜、银、锌、镉、汞氨合物的生成

分别取几滴 0.1mol/L $CuSO_4$ 溶液、0.1mol/L $AgNO_3$ 溶液、0.1mol/L $Zn(NO_3)_2$ 溶液、0.1mol/L $Cd(NO_3)_2$ 溶液、0.1mol/L $Hg(NO_3)_2$ 溶液、0.1mol/L $HgCl_2$ 溶液和 0.1mol/L $Hg_2(NO_3)_2$ 溶液，然后各逐滴加入 6mol/L $NH_3 \cdot H_2O$ 溶液至过量（如果沉淀不溶解，再加 1mol/L NH_4Cl 溶液），观察现象。写出有关的反应方程式。

8. 汞盐与 KI 的反应

① 取 1 滴 0.1mol/L $Hg(NO_3)_2$ 溶液，逐滴加入 0.1mol/L KI 溶液至过量，观察现象。然后加几滴 6mol/L NaOH 溶液和 1 滴 1mol/L NH_4Cl 溶液，观察有何现象。写出有关的反应方程式。

② 取 1 滴 0.1mol/L $Hg_2(NO_3)_2$ 溶液，逐滴加入 0.1mol/L KI 溶液至过量，观察现象。写出有关的反应方程式。

9. Zn^{2+} 的鉴定

取 2 滴 0.1mol/L $Zn(NO_3)_2$ 溶液，加几滴 6mol/L NaOH 溶液，再加 0.5mL 二苯硫腙的四氯化碳溶液，摇荡试管，观察水溶液层和四氯化碳层颜色的变化。写出反应方程式。

10. Hg^{2+} 的鉴定

取 2 滴 0.1mol/L $Hg(NO_3)_2$ 溶液，加 2～3 滴 0.1mol/L $SnCl_2$ 溶液，观察颜色的变化，摇荡试管再观察。写出反应方程式。

11. 混合离子的分离与鉴定

试设计方法分离、鉴定下列混合离子：

① Cu^{2+}、Ag^{+}、Fe^{3+}。

② Zn^{2+}、Cd^{2+}、Ba^{2+}。

图示分离和鉴定步骤，写出现象和有关的反应方程式。

五、注意事项

1. 总结铜、银、锌、镉、汞氢氧化物的酸碱性和稳定性。
2. 总结铜、银、锌、镉、汞硫化物的溶解性。
3. 总结 Cu^{2+}、Ag^{+}、Zn^{2+}、Cd^{2+}、Hg^{2+}、Hg_2^{2+} 与氨水的反应。

六、问题与讨论

1. CuI 能溶于饱和 KSCN 溶液，生成的产物是什么？将溶液稀释后会生成什么沉淀？
2. Ag_2O 能否溶于 2mol/L $NH_3 \cdot H_2O$ 溶液？
3. 用 $K_4[Fe(CN)_6]$ 鉴定 Cu^{2+} 的反应在中性或弱酸性溶液中进行，若加入 $NH_3 \cdot H_2O$ 或 NaOH 溶液会发生什么反应？
4. 实验中生成的含 $[Ag(NH_3)_2]^+$ 溶液应及时冲洗掉，否则可能会造成什么结果？
5. AgCl、$PbCl_2$、Hg_2Cl_2 都不溶于水，如何将它们分离开？

实验八　常见金属阳离子的分离与鉴定

一、实验目的

1. 初步了解混合阳离子的鉴定方案。
2. 掌握常见阳离子的个别鉴定方法。

3. 培养综合应用基础知识的能力。

二、实验原理

混合阳离子分组法：常见的阳离子有20多种，对它们进行个别检出时容易发生相互干扰。所以，对混合阳离子进行分析时，一般都是利用阳离子的某些共性先将它们分成几组，然后再根据其个性进行个别检出。实验室常用的混合阳离子分组法有硫化氢系统法和两酸两碱系统法。

硫化氢系统法的优点是系统性强、分离方法比较严密并可与溶度积、沉淀溶解平衡等基本理论相结合，其缺点是操作步骤繁杂、花费时间较多，特别是硫化氢气体有毒且污染空气。为了减少硫化氢的污染，本实验以两酸两碱系统为例，将常见的20多种阳离子分为五组，分别进行分离鉴定。

两酸两碱系统法的基本思路是：先用HCl溶液将能形成氯化物沉淀的Ag^+、Pb^{2+}、Hg_2^{2+}分离出去；再用H_2SO_4溶液将能形成难溶硫酸盐的Ba^{2+}、Pb^{2+}、Ca^{2+}分离出去；然后用氨水和NaOH溶液将剩余的离子进一步分组，分组之后再进行个别检出。

本实验按所给试剂将阳离子分组，然后再根据离子的特性，加以分离鉴定。

① 第一组（盐酸组）阳离子的分离：根据$PbCl_2$可溶于NH_4Ac和热水中，而AgCl可溶于氨水中，分离本组离子并鉴定。

② 第二组（硫酸组）阳离子的分离。

③ 第三组（氨组）阳离子的分离。

④ 第四组（氢氧化钠）阳离子的分离。

⑤ 第五组（易溶组）阳离子的分离。

三、仪器与药品

1. 仪器

离心机，电热套，玻璃棒，试管（普通和离心），点滴板，水浴锅，胶头滴管。

2. 药品

H_2SO_4（2mol/L、浓），HCl溶液（6.0mol/L），HNO_3（2mol/L、6mol/L、浓），HAc（2mol/L、6mol/L），$NH_3 \cdot H_2O$（2mol/L、6mol/L、浓），H_2S（饱和），NaOH（2mol/L、6mol/L），K_2CrO_4（0.1mol/L），KNCS（0.1mol/L），KI（0.1mol/L），$K_4[Fe(CN)_6]$（0.1mol/L），Na_2S（0.1mol/L），NaAc（3mol/L），EDTA（饱和），NH_4Ac（3mol/L），NH_4Cl（3mol/L），$(NH_4)_2C_2O_4$（饱和），$(NH_4)_2S$（6mol/L），$HgCl_2$（0.1mol/L），$SnCl_2$（0.1mol/L），奈斯勒试剂，KNCS（固体），$NaBiO_3$固体，铝片，锡片、双氧水（3%），乙醇（95%），戊醇、丙酮、丁二酮肟、二苯硫腙、四氯化碳，pH试纸、滤纸条。

四、实验要求

1. 领取混合阳离子未知液，利用两酸两碱法设计分离、鉴定方案。

2. 写出未知液所含的阳离子鉴定结果、分离鉴定步骤及有关的反应方程式。

3. 为了提高分析结果的准确性，应进行“空白实验”和“对照实验”。

4. 混合离子分离过程中，为使沉淀老化需要加热，加热方法最好采用水浴加热。

5. 每步获得沉淀后，都要将沉淀用少量带有沉淀剂的稀溶液或去离子水洗涤1～2次。

五、注意事项

注意设计实验时，对照实验、空白实验的使用。

六、问题与讨论

1. 如果未知液呈碱性，哪些离子可能不存在？

2. 本实验的分组方案使用了哪些基本化学原理？你能用化学原理对某些步骤所采取的分离方式作出解释吗？举一二例说明。

实验九　常见非金属阴离子的分离与鉴定

一、实验目的

1. 初步了解混合阴离子的鉴定方案。

2. 掌握常见阴离子的个别鉴定方法。

3. 培养综合应用基础知识的能力。

二、实验原理

由于酸碱性、氧化还原性等的限制，很多阴离子不能共存于同一溶液中，共存于溶液中的各离子彼此干扰较少，且许多阴离子有特征反应，故可采用分别分析法，即利用阴离子的分析特性先对试液进行一系列初步实验，分析并初步确定可能存在的阴离子，然后根据离子性质的差异和特征反应进行分离鉴定。

初步实验包括挥发性实验、沉淀实验、氧化还原实验等。先用 pH 试纸及稀 H_2SO_4 加之闻味进行挥发性实验；然后利用 1mol/L 的 $BaCl_2$ 及 0.1mol/L 的 $AgNO_3$，进行沉淀实验；最后利用 0.01mol/L 的 $KMnO_4$、I_2-淀粉、KI-淀粉溶液进行氧化还原实验。每种阴离子与以上试剂反应的情况见下表。根据初步实验结果，推断可能存在的阴离子，然后做阴离子的个别鉴定（表1）。

表1　阴离子的初步实验

阴离子	稀 H_2SO_4	$BaCl_2$（中性或弱碱性）	$AgNO_3$（稀硝酸）	I_2-淀粉（稀硫酸）	$KMnO_4$（稀硫酸）	KI-淀粉（稀硫酸）
Cl^-			白色沉淀		褪色	
Br^-			淡黄色沉淀		褪色	
I^-			黄色沉淀		褪色	
NO_3^-						
NO_2^-	气体				褪色	变蓝
SO_4^{2-}		白色沉淀				
SO_3^{2-}	气体	白色沉淀		褪色	褪色	
$S_2O_3^{2-}$	气体	白色沉淀	溶液或沉淀	褪色	褪色	
S^{2-}	气体		黑色沉淀	褪色	褪色	
PO_4^{3-}		白色沉淀				
CO_3^{2-}	气体	白色沉淀				

本实验仅涉及 Cl^-、Br^-、I^-、NO_3^-、NO_2^-、SO_4^{2-}、SO_3^{2-}、$S_2O_3^{2-}$、S^{2-}、PO_4^{3-}、CO_3^{2-} 等 11 种常见阴离子的分析鉴定。

若某些离子在鉴定时发生相互干扰，应先分离，后鉴定。例如 S^{2-} 的存在将干扰 SO_3^{2-}、$S_2O_3^{2-}$ 的鉴定，应先将 S^{2-} 除去。除去的方法是在含有 S^{2-}、SO_3^{2-}、$S_2O_3^{2-}$ 的混合溶液中，加入 $PbCO_3$ 或 $CdCO_3$ 固体，使它们转化为溶解度更小的硫化物而将 S^{2-} 分离出去，在清液中分别鉴定 SO_3^{2-}、$S_2O_3^{2-}$ 即可。

为了提高分析结果的准确性，应进行“空白实验”和“对照实验”。“空白实验”是以去离子水代替试液，而“对照实验”是用已知含有被检验离子的溶液代替试液。

Ag^+ 与 S^{2-} 形成黑色沉淀，Ag^+ 与 $S_2O_3^{2-}$ 形成白色沉淀且迅速由白→黄→棕→黑，Ag^+ 与 Cl^-、Br^-、I^- 形成的浅色沉淀，很容易被同时存在的黑色沉淀覆盖，所以要认真观察沉淀是否溶于或部分溶于 6mol/L HNO_3 溶液，以推断有无 Cl^-、Br^-、I^- 存在的可能。

三、仪器与药品

1. 仪器

离心机，电热套，玻璃棒，试管（普通和离心），点滴板，水浴锅，胶头滴管。

2. 药品

H_2SO_4（2mol/L、浓），HCl 溶液（6.0mol/L），HNO_3（2mol/L、6mol/L、浓），HAc（2mol/L、6mol/L），$NH_3 \cdot H_2O$（2mol/L），$Ba(OH)_2$（饱和），$KMnO_4$（0.01mol/L），KI（0.1mol/L），$K_4[Fe(CN)_6]$（0.1mol/L），$NaNO_2$（0.1mol/L），$Na_2[Fe(CN)_5NO]$（1%，新配），$(NH_4)_2CO_3$（12%），$(NH_4)_2MoO_4$ 溶液，$BaCl_2$（1mol/L），Ag_2SO_4（0.02mol/L），$AgNO_3$（0.1mol/L），Zn 粉，$PbCO_3$ 固体，尿素，氯水（饱和），碘水（饱和），淀粉溶液，CCl_4，$FeSO_4 \cdot 7H_2O$ 固体，pH 试纸。

四、实验要求

1. 向教师领取混合阴离子未知液，设计方案，分析鉴定未知液中所含的阴离子。
2. 给出鉴定结果，写出鉴定步骤及相关的反应方程式。

五、注意事项

若某些离子在鉴定时发生相互干扰，应先分离，后鉴定。

六、问题与讨论

1. 鉴定 NO_3^- 时，怎样除去 NO_2^-、Br^-、I^- 的干扰？
2. 鉴定 SO_4^{2-} 时，怎样除去 SO_3^{2-}、$S_2O_3^{2-}$、CO_3^{2-} 的干扰？
3. 在 Cl^-、Br^-、I^- 的分离鉴定中，为什么用12%的 $(NH_4)_2CO_3$ 将 AgCl 与 AgBr 和 AgI 分离开？

实验十　微波辐射法制备 $Na_2S_2O_3 \cdot 5H_2O$

一、实验目的

1. 了解用微波辐射法制备无机化合物的方法。
2. 掌握硫代硫酸根的定性鉴定和 $Na_2S_2O_3 \cdot 5H_2O$ 的定量测定方法。

二、实验原理

硫代硫酸钠（$Na_2S_2O_3 \cdot 5H_2O$）又名大苏打、海波。常用作照相行业的定影剂，以及化工行业的还原剂、棉织品漂白后的脱氯剂、染毛织物的硫染剂、靛蓝染料的防白剂、纸浆脱氯剂，医药工业中用作洗涤剂、消毒剂和褪色剂等，还可以用于电镀、净化用水和鞣制皮革。除了传统的制备方法外，还可以用微波法来制备硫代硫酸钠。该方法与传统加热法相比较，不但可以大幅度地缩短反应时间，而且还可以提高反应产率。反应液经过滤、浓缩结晶、过滤、干燥即得产品。

测定产品中 $Na_2S_2O_3 \cdot 5H_2O$ 的含量用碘量法。其反应方程式为

$$I_2 + 2S_2O_3^{2-} \longrightarrow 2I^- + S_4O_6^{2-}$$

该反应必须在中性或弱酸性中进行，通常选用 HAc-NH_4Ac 缓冲溶液，使 pH=6。产品中含有未反应完全的 Na_2SO_3 要消耗 I_2，造成分析误差，因此滴定 前应加入甲醛，排除 SO_2 的干扰。

三、仪器与药品

1. 仪器

Galanz WP700TL23-K5 型家用微波炉，电子天平，研钵，烧杯，抽滤瓶，布氏漏斗，电热套，蒸发皿，烘箱等，滴定管（50mL）。

2. 药品

Na_2SO_3(s)，硫粉，$AgNO_3$（0.1mol/L），淀粉溶液（1%），HAc-NH_4Ac 缓冲溶液（pH=6），I_2 标准溶液（约 0.025mol/L），甲醛（分析纯），95%乙醇。

四、实验步骤

① 称量和物料研磨：称量 1.6 g 的升华硫粉，放入研磨中，加入 10mL 95%的乙醇，充分研磨均匀。再加入 5.1 g 无水 Na_2SO_3，放入上述研钵中，继续研磨均匀至浆状。

② 微波辐射合成：将上述浆状物转移到 250mL 锥形瓶中，用 80mL 水将研钵的浆状物转移干净，放入微波炉的中心转盘内。设置微波炉的微波功率为中高火，反应 12 分钟。

③ 反应完毕后，将锥形瓶取出，冷却，固液分离、蒸发浓缩、冷却结晶。

④ 冷却后，将反应物料进行抽滤，并用 10mL 水洗涤，干燥，称重，回收硫粉，计算硫的利用率。

⑤ 将滤液放入蒸发皿中，电热套上水浴加热，浓缩到有大量小气泡产生时停止加热，稍冷后加入 5mL 无水乙醇，然后置于冰水中冷却、结晶。

⑥ 抽滤，洗剂，干燥后得产品 $Na_2S_2O_3 \cdot 5H_2O$，称重，计算产率。

⑦ 产品定性鉴定：将少量产品用蒸馏水溶解，取 3 滴于点滴板上，滴加几滴醋酸溶液酸化，再加入 2 滴 0.1mol/L $AgNO_3$ 溶液，有沉淀产生（$Ag_2S_2O_3$），并且逐渐变黄、棕，最后变黑（Ag_2S），证明有 $S_2O_3^{2-}$ 的存在。

⑧ 定量测定产品中 $Na_2S_2O_3 \cdot 5H_2O$ 的含量。

五、注意事项

1. 反应条件是亚硫酸钠与硫粉的摩尔比为 1∶1.2，微波控制的功率为中高火，反应时间为 12min。不同型号的微波炉，反应最佳条件会不同。

2. 微波法与传统加热制备硫代硫酸钠的方法相比较，反应时间缩短了近 5 倍，有利于节约能源和提高实验效率。

六、问题与讨论

1. 定性鉴定 $Na_2S_2O_3$ 的反应原理是什么？写出反应方程式。$Na_2S_2O_3$ 作为照相术中的定影剂，原理是什么？写出反应方程式。

2. 用标准碘溶液滴定硫代硫酸钠时 pH 应在 6 左右，过量酸或碱将会产生什么反应？加入甲醛目的何在？

实验十一　工业硫酸铜的提纯及 Fe（Ⅲ）的含量分析

一、实验目的

1. 通过实验了解提纯硫酸铜的原理和方法。

2. 进一步掌握托盘天平的使用及溶解、过滤、蒸发浓缩、结晶等基本操作。

3. 学习用分光光度法定量测定产品中杂质铁的含量的方法。

二、实验原理

粗硫酸铜中常含有不溶性杂质和可溶性杂质 $FeSO_4$、$Fe_2(SO_4)_3$ 等。不溶性杂质可通过过滤的方法除去。Fe^{2+} 需先将其氧化成 Fe^{3+}，然后通过改变溶液的 pH 使之水解生成 $Fe(OH)_3$ 沉淀后，再过滤除去。有关的反应方程式如下：

$$2Fe^{2+}+H_2O_2+2H^+ \xlongequal{} 2Fe^{3+}+2H_2O$$

$$Fe^{3+}+3H_2O \xlongequal{} Fe(OH)_3(s)+3H^+$$

溶液的 pH 越大，Fe^{3+} 除得越净。但 pH 过高时，也会使 Cu^{2+} 水解（由计算可知，本实验中当溶液的 pH>4.17 时，$Cu(OH)_2$ 开始沉淀），反应如下：

$$Cu^{2+}+2H_2O \xlongequal{} Cu(OH)_2(s)+2H^+$$

Cu^{2+} 水解会降低硫酸铜的收率。要做到既除净铁，又不降低产品的收率，就必须把溶液的 pH 控制在适当的范围内（本实验控制在 pH 为 4 左右）。

除去铁的滤液通过蒸发、浓缩、结晶，即可得到 $CuSO_4 \cdot 5H_2O$ 晶体，其他微量的可溶性杂质在结晶时，仍会留在母液中，通过减压抽滤即可与硫酸铜晶体分开。

三、仪器与药品

1. 仪器

托盘天平（或电子天平），煤气灯（或电热套），721 型分光光度计，微型漏斗及吸滤瓶，蒸发皿，烧杯（25mL 2 个），量筒（10mL 1 个），真空（水或油）泵，泥三角，三脚架，石棉网，坩埚钳。

2. 药品

H_2SO_4 [2mol/L (1+1)]，HCl 溶液（2mol/L），H_2O_2（5%），NaOH（2mol/L），$NH_3 \cdot H_2O$（6mol/L），粗硫酸铜，KSCN（1mol/L），滤纸，pH 试纸，精密 pH 试纸（0.5～5.0）。

四、实验步骤

1. 粗硫酸铜的提纯

① 称取 2g 研细了的粗硫酸铜，放在 25mL 烧杯中，加入 8mL 去离子水，加热、搅拌使其溶解。加几滴 2mol/L H_2SO_4 溶液酸化，在边加热、边搅拌下滴加 1mL 5%的 H_2O_2 水溶液，使 Fe^{2+} 氧化为 Fe^{3+}，滴加 2mol/L NaOH 溶液调节溶液的 pH 到 4 左右，再加热片刻，静置沉降，抽滤，然后将滤液转移到蒸发皿中。

② 用 2mol/L H_2SO_4 将滤液 pH 调至 1～2。然后水蒸气浴加热，蒸发浓缩至液面出现一层结晶膜时停止加热。

③ 冷却至室温，再抽滤至干。

④ 取出晶体，把它夹在两张滤纸之间，吸干其表面上的水分。将滤液倒入回收瓶中。

⑤ 在托盘天平（或电子天平）上称出产品的质量，计算其收率。

2. 产品纯度的检验

① 称取 0.2g 提纯后的硫酸铜晶体，放入小烧杯中，用 3mL 去离子水溶 解，加 2 滴 2mol/L H_2SO_4 溶液酸化，然后加入 10 滴 5%的 H_2O_2 溶液，煮沸片刻，将 Fe^{2+} 氧化为 Fe^{3+}。

② 待溶液冷却后，边搅拌边加入 6mol/L 氨水直至生成的浅蓝色 $Cu_2(OH)_2SO_4$ 沉淀溶解，变成深蓝色 $Cu[(NH_3)_4]^{2+}$ 溶液为止。

③ 用微型漏斗和吸滤瓶过滤，并用去离子水洗去滤纸上的蓝色。弃去滤液，如有 $Fe(OH)_3$ 沉淀，则留在滤纸上。

④ 用滴管将 1.5mL（约 30 滴）热的 2mol/L HCl 溶液滴在滤纸上，使 $Fe(OH)_3$ 沉淀溶解，并将微型吸滤瓶洗净以承接滤液。如果一次溶解不了，可将 滤液加热后再滴在滤纸上，直到 $Fe(OH)_3$ 全部溶解为止。

⑤ 在滤液中加入 2 滴 1mol/L KSCN 溶液，并用去离子水稀释至 5mL，摇匀。把上述溶液倒入 1cm 比色皿中（不要超过 3/4 高度），以去离子水为参比液，用分光光度计在波长为 465nm 处测其吸光度 A。然后在 A-$w(Fe^{3+})$ 标准曲线上查出与其对应的 Fe^{3+} 的质量分数 $w(Fe^{3+})$，再与表 1 中产品规格对照，便可确定产品的规格。

表 1 $CuSO_4 \cdot 5H_2O$ 产品规格

规格	分析纯/g	化学纯/g
$w(Fe^{3+})\times 100$	0.003	0.02

五、注意事项

A-$w(Fe^{3+})$ 标准曲线的绘制：

① 0.01mg/mL Fe^{3+} 标准溶液的配制（实验室配制）：称取 0.0863g 硫酸高铁铵 $(NH_4)_2Fe_2(SO_4)_4 \cdot 24H_2O$（又名铁铵矾）溶解于水，加入 0.05mL（1+1）H_2SO_4，移入 1000mL 容量瓶中，用去离子水稀释至刻度，摇匀。此溶液含 Fe^{3+} 为 0.01mg/mL。

② A-$w(Fe^{3+})$ 标准曲线的绘制：用吸量管分别吸取 0.01mg/mL Fe^{3+} 标准溶液 0mL、1mL、2mL、4mL、8mL 于 50mL 容量瓶中，各加入 2mL 2 滴 HCl 溶液和 1 滴 1mol/L KSCN 溶液，用去离子水稀释至刻度。以去离子水为 参比液，在波长为 465nm 处，用 721 型分光光度计分别测定其吸光度 A。以 $w(Fe^{3+})$ 为横坐标，A 为纵坐标作图，即为 A-$w(Fe^{3+})$ 曲线。

六、问题与讨论

1. 除铁时为什么要把溶液的 pH 调到 4？而在蒸发前又把 pH 调至 1～2？

2. $Cl_2(aq)$、$Br_2(aq)$、$H_2O_2(aq)$、$KMnO_4$、$K_2Cr_2O_7$、$NaClO_3$ 等均可将 Fe^{2+} 氧化为 Fe^{3+}，本实验中选用 H_2O_2 作氧化剂，为什么？

3. 用 KSCN 检验 Fe^{3+} 时为什么要加盐酸？

实验十二　硫酸铝钾的制备及其晶体的培养

一、实验目的

1. 巩固复盐的有关知识，掌握制备简单复盐的基本原理和方法。

2. 进一步认识 Al 及 $Al(OH)_3$ 的两性。

3. 学习从溶液中培养晶体的原理和方法。

4. 掌握固体溶解、加热蒸发、减压过滤的基本操作。

二、实验原理

硫酸铝同碱金属的硫酸盐（K_2SO_4）作用生成硫酸铝钾复盐。硫酸铝钾（$K_2SO_4 \cdot Al_2(SO_4)_3 \cdot 12H_2O$）俗称明矾，它是一种无色晶体，易溶于水，并水解生成 $Al(OH)_3$ 胶状沉淀。它具有较强的吸附性能，是工业上重要的铝盐，可作为净水剂、造纸充填剂等。本实验将金属铝溶于氢氧化钠溶液，生成可溶性的四羟基铝酸钠，金属铝中其他的杂质则不溶，过滤除去杂质。随后用 H_2SO_4 调节此溶液的 pH 值为 8～9，即有 $Al(OH)_3$ 沉淀产生，分离后，在沉淀中加入 H_2SO_4，使 $Al(OH)_3$ 转化为 $Al_2(SO_4)_3$，然后制成 $Al_2(SO_4)_3$ 晶体，将 $Al_2(SO_4)_3$ 晶体和 K_2SO_4 晶体分别制成饱和溶液，混合后就有明矾生成。有关反应如下：

$$2Al+2NaOH+6H_2O = 2Na[Al(OH)_4]+3H_2$$

$$[Al(OH)_4]^- + H^+ = Al(OH)_3 + H_2O$$

$$2Al(OH)_3+3H_2SO_4 = Al_2(SO_4)_3+6H_2O$$

$$Al_2(SO_4)_3+K_2SO_4+12H_2O = K_2SO_4 \cdot Al_2(SO_4)_3 \cdot 12H_2O$$

明矾单晶的培养：当有 $K_2SO_4 \cdot Al_2(SO_4)_3 \cdot 12H_2O$ 晶体析出后，过滤得到晶体后，选出规整的作为晶种，放在滤液中，盖上表面皿，让溶液自然蒸发，结晶就会逐渐长大，成为大的单晶，单晶具有八面体晶形。为使晶种长成大的单晶，重要的是溶液温度不要变化太大，使溶液的水分缓慢蒸发。另外为长成大结晶，也可将生成的晶体系上尼龙绳，悬在溶液中。这样晶体在各方面生长速度不受影响，生成的晶体更规则。

三、仪器与药品

1. 仪器

烧杯，电子台秤，布氏漏斗，蒸发皿，酒精灯，三脚架，石棉网，火柴，玻璃漏斗，量筒，滤纸，pH 试纸，尼龙线。

2. 药品

Al 屑（C.P），NaOH（C.P），K_2SO_4（C.P），H_2SO_4 [3mol/L、(1+1)]，$BaCl_2$（0.1mol/L）。

四、实验步骤

1. $Al(OH)_3$ 的生成

称取 2.3g NaOH 固体，置于 200mL 烧杯中，加入 30mL 蒸馏水溶解。称取 1g Al 屑，分批放入溶液中（反应剧烈，防止溅出，应在通风橱内进行），至不再有气泡产生，说明反应完毕，然后再加入蒸馏水，使体积约为 40mL，抽滤。将滤液转入 200mL 烧杯中，加热至沸，在不断搅拌下，滴加 3mol/L H_2SO_4，使溶液的 pH 为 8～9，继续搅拌煮沸数分钟，然后抽滤，并用沸水洗涤沉淀，直至洗涤液的 pH 值降至 7 左右，抽滤干。

2. $Al_2(SO_4)_3$ 的制备

将制得的 $Al(OH)_3$ 转入烧杯中，在不断搅拌下，加入 (1+1) H_2SO_4，并水浴加热。当溶液变清后，停止加入硫酸，得 $Al_2(SO_4)_3$ 溶液。浓缩溶液为原体积的二分之一，取下，用水冷却至室温，待结晶完全后，抽滤，将晶体用滤纸吸干，称重。

3. 明矾的制备及大晶体的培养

将称重的硫酸铝晶体置于小烧杯中，配成室温下的饱和溶液。另称取 K_2SO_4 固体，也配成同体积饱和溶液，然后将等体积的两饱和溶液相混合，搅拌均匀。放置后，就会有明矾晶体析出。过滤，选出规整的作为晶种，放在滤液中，盖上表面皿，让溶液自然蒸发，结晶就会逐渐长大，成为大的单晶，单晶具有八面体晶形。为使晶种生成大的单晶，重要的是溶液温度不要变化太大，使溶液的水分缓慢蒸发。为生成大结晶，也可将生成的晶体系上尼龙绳，悬在溶液中。这样晶体在各方面生长速度不受影响。

4. 性质实验

取少量明矾晶体，验证溶液中存在 Al^{3+}、K^{+}、SO_4^{2-}，并写出反应方程式。

五、注意事项

明矾单晶培养时的温度控制。

六、问题与讨论

1. 为什么用碱溶解 Al?
2. 将硫酸钾和硫酸铝两种饱和溶液混合能够制得明矾晶体，用溶解度来说明其理由。

第六章

综合实验

实验一　含铜废料制备硫酸铜

一、实验目的

1. 了解含铜废料制备硫酸铜的方法。

2. 掌握硫酸铜提纯的原理。

3. 进一步掌握减压过滤、蒸发浓缩结晶等实验操作。

二、实验原理

含铜废料包括金属切割生成的铜屑，电线厂剩余的铜废泥，电器零件的废导线和铜件，冶金中的废铜渣等均可生产五水硫酸铜。因为含铜废料的化学成分比较复杂，必须预先进行加工提纯。铜是一种不活泼的金属，不能与稀硫酸反应直接生成硫酸铜。需将铜用浓硝酸、浓硫酸或者双氧水等氧化剂生成氧化铜，使其与稀硫酸反应生成硫酸铜，再提纯得到五水合硫酸铜晶体。

$$CuO+H_2SO_4 = CuSO_4+H_2O$$

硫酸铜的溶解度（表 1）随温度升高而增大，所以当浓缩、冷却溶液时，就可以得 到硫酸铜晶体。可用重结晶法提纯。

表 1　硫酸铜在不同温度下水中的溶解度　　单位：g/100g 水

T/K	273	293	313	333	353	373
五水合硫酸铜	23.1	32.0	44.6	61.8	83.8	114.0

三、仪器与药品

1. 仪器

电子分析天平，研钵，蒸发皿，烧杯，量筒，玻璃棒，酒精灯，漏斗，布氏漏斗，抽滤装置，表面皿，石棉网，镊子，钥匙。

2. 药品

含铜废料，浓硫酸，浓硝酸，30%过氧化氢，无水乙醇。

四、实验步骤

称取一定量研磨后的铜粉，放入蒸发皿中灼烧至黑色，让其自然冷却。再灼烧至黑色，让其自然冷却。在灼烧过的铜粉中加入一定量 3mol/L 的 H_2SO_4，加入 3% H_2O_2 待反应缓和后盖上表面皿，水浴加热，在加热过程中缓缓加入 3mol/L 的 H_2SO_4，待铜粉快全部溶解，趁热用倾斜法将溶液转移至蒸发皿中，水浴加热，浓缩至出现晶膜，取下蒸发皿自然冷却，析出粗 $CuSO_4 \cdot 5H_2O$，抽滤，用无水乙醇洗涤，干燥后称量，计算产率。

1. 硫酸铜晶体的制备与提纯

将 10mL 3mol/L 的 H_2SO_4 溶液倒进蒸发皿中，用小火加热，一边搅拌，一边用药匙慢慢地倒入 CuO 粉末，一直到 CuO 不能再反应为止。反应过程中如出现结晶，随时加入少量蒸馏水。反应完全后，溶液呈蓝色。

趁热过滤 $CuSO_4$ 溶液，用少量蒸馏水冲洗，将滤液转入蒸发皿中，水浴加热浓缩蒸发，并用玻璃棒不断搅动，当液面出现晶膜时，停止加热，室温冷却，析出蓝色的硫酸铜晶体，减压抽滤，得粗产品。将硫酸铜粗产品按 1g 加 1.2mL 水的比例，溶于蒸馏水中，加热使之全部溶解，缓慢冷却至室温，析出纯度高的硫酸铜晶体，抽滤后，用滤纸吸干晶体表面的水分，称量，计算产率，产品、母液均回收。

2. 硫酸铜大晶体的培养

烧杯中加入 50mL 蒸馏水，再加入研细的硫酸铜粉末（根据溶解度计算用量配制饱和溶液）和 3mol/L 的 H_2SO_4 1mL 左右，加热，使晶体完全溶解，控制溶液的 pH 为 2 左右，继续加热到 80℃，趁热过滤，把滤液置于洁净的培养皿中，盖好，静置一夜。挑选几颗晶型完整的小晶体，晶种的每一个面都必须光滑、整齐，用细线或头发丝将晶种捆好，固定在玻璃棒上。将捆有晶种的玻璃棒横放在烧杯口，晶种放入硫酸铜饱和溶液中。注意晶种不能与烧杯接触。每天向挂有晶体的溶液中添加高于室温约 20℃ 的硫酸铜饱和溶液，杯底如有晶体析出，应将其捞出。烧杯口用白纸盖住，静置、观察，直到得到满意的晶体为止。

五、注意事项

硫酸铜，英文名称 Copper Sulphate，分子式：$CuSO_4$（纯品），$CuSO_4 \cdot 5H_2O$（水合物）。$CuSO_4$ 为白色粉末，密度 3.603g/cm^3，有极强的吸水性，吸水后呈蓝色。$CuSO_4 \cdot 5H_2O$，俗称蓝矾、胆矾，深蓝色大颗粒状结晶体或蓝色颗粒状结晶粉末，有毒，无臭，带有金属涩味，密度 2.2844g/cm^3，干燥空气中会缓慢风化。溶于水，水溶液呈弱酸性，不溶于乙醇，150℃以上将失去全部结晶水成为白色粉末状无水硫酸铜。硫酸铜是较重要的铜盐之一，可用作棉及丝织品印染的媒染剂，制造绿色及蓝色颜料；用作杀虫剂、水的杀菌剂、木材防腐剂；用于鞣革；铜的电镀、电池雕刻及制造催化剂；同时大量用于有色金属选矿（浮选）工业、船舶油漆工业及其他化工原料的制造。

六、问题与讨论

1. 实验室若用铜屑为原料如何制备硫酸铜？
2. 为什么用水浴蒸发？

实验二　茶叶中茶多酚的提取

一、实验目的

1. 了解茶多酚的性质及用途，掌握从茶叶中提取咖啡因的基本原理和方法。
2. 了解植物天然产物常规提取和精制的方法。
3. 掌握用恒压滴液漏斗提取有机物的原理和方法。

二、实验原理

茶多酚又称茶鞣或茶单宁，是茶叶中 30 多种多酚类物质的总称，包括黄烷醇类、花色苷类、黄酮类、黄酮醇类和酚酸类等。其中以黄烷醇类物质（儿茶素）最为重要。茶多酚是一类富含于茶叶中的多羟基化合物，是形成茶叶色香味的主要成分之一，也是茶叶中有保健功能的主要成分之一。本草千叶茶中含有丰富的茶多酚。茶多酚在茶叶中的含量一般在15%～20%。

1. 物理性质

茶多酚在常温下呈浅黄或浅绿色粉末，易溶于温水（40～80℃）和含水乙醇中；稳定性极强，在pH值4～8、250℃左右的环境中，1.5个小时内均能保持稳定，在三价铁离子下易分解。

2. 化学性质

茶多酚分子中带有多个活性羟基，可终止人体中自由基链式反应，清除超氧离子，具有抗氧化能力强、无毒副作用、无异味等特点。茶多酚对超氧阴离子与过氧化氢自由基的清除率达98%以上，呈显著的量效关系，其效果优于维生素E和维生素C。茶多酚还有抑菌、杀菌作用，是艾滋病病毒（人类免疫缺陷病毒，HIV）逆转录酶的强抑制物，能够增强机体免疫能力，并具有抗肿瘤、抗辐射、抗氧化、防衰老等优点。茶多酚安全、无毒，是食品、饮料、药品及化妆品的天然添加成分。目前茶多酚已在医药、饮料、食品、保健等行业中广泛应用。

由于茶多酚易溶于热水，本实验利用热水煮，可将茶叶中的茶多酚从茶叶中提取出来，过滤即可得到含茶多酚的液体。然后对茶叶浸提液盐析处理除去部分杂质；再利用某些金属离子与茶多酚形成的络合物在一定pH值下溶解度最低的特性，将茶多酚从浸提液中沉淀出来并高效地与咖啡碱等杂质分离；经过稀酸转溶将茶多酚游离出来后，用对茶多酚具有很好选择性的有机溶剂再次对其进行萃取分离；最后将茶多酚萃取液通过真空浓缩、真空干燥得到茶多酚晶体。

三、仪器与药品

1. 仪器

圆底烧瓶（100mL），可加热磁力搅拌器，天平，布氏漏斗，蒸馏装置，分液漏斗。

2. 药品

茶叶，$NaHCO_3$（0.5mol/L），$AlCl_3$溶液（0.1mol/L 50mL），乙酸乙酯（80mL）。

四、实验步骤

1. 浸提

取2g茶叶，研碎，加入约40g 70～95℃的热水，搅拌下恒温浸提60min，过滤得茶叶浸提液。取样分析浸提液中茶多酚的含量，计算浸提液中茶多酚的总量、茶多酚的浸提率。

2. 盐析

加氯化钠于茶叶浸提液中，使其质量分数为6%，静置盐析1.5h后过滤。

3. 沉淀

在上述滤液中加入茶叶质量2%～5%的$NaHSO_3$，然后加入茶叶质量20%的硫酸铝饱和水溶液，加热至70～80℃，用15% $NaHCO_3$溶液在快速搅拌下调节pH至5～6，此时有大量沉淀析出，沉淀自然沉降一段时间后过滤，最后用等体积70℃热水洗涤沉淀三次。

4. 酸溶

将沉淀在快速搅拌下放入到茶叶重量3倍的pH＝2.5～4.5的盐酸水溶液中溶解沉淀，控制酸转溶液的pH＝2.5～4.5，酸溶时间50min，少量胶状沉淀经离心分离除去。取样分析计算酸转溶液中茶多酚的含量和总量，计算茶多酚经过盐析、沉淀及酸溶后的回收率。

5. 萃取

加入茶叶质量3%的 $NaHSO_3$ 至酸转溶液中，然后用其体积0.5倍的乙酸乙酯萃取3次，每次萃取时间为10min，合并萃取液。取样分析计算萃余相中茶多酚的总量，计算茶多酚的萃取率。

6. 洗涤

加入茶叶质量2%的维生素C至萃取液体积0.4倍的水中，用柠檬酸调节水溶液的pH=2.5～3.0，等分成二份对乙酸乙酯萃取液洗涤两次。

7. 蒸发浓缩

将洗涤后的乙酸乙酯相在50～70℃下真空蒸发回收乙酸乙酯，待浓缩成膏状物时，加入膏状物2倍体积的无水乙醇，洗涤挂在壁上的物料，继续浓缩成稠的膏状物。

8. 干燥

将膏状物放入真空干燥箱中，在60～90℃下进行真空干燥，在前1～2h内，将物料搅动几次，当物料干燥成粉状或干的块状时，结束干燥。干燥时间一般为4～8h。

9. 包装保存

将干燥好的茶多酚产品转移至自封塑料袋中，称重、取样后立即密封，置入棕色玻璃干燥器中于低（室）温下避光保存。产品取样用于分析产品中茶多酚含量，计算出茶多酚的最终产率。

五、注意事项

1. 茶多酚易氧化，分离过程中注意避免高温、过酸或过碱并尽量缩短提取时间。
2. 沉淀完全后应尽快抽提滤出沉淀，酸溶过程一定要充分，控制好溶液pH。

六、问题与讨论

对本工艺的实验结果进行分析，讨论分析哪些因素影响茶多酚产品的产率？怎样影响的？应如何控制？

实验三　缓冲溶液的配制及性质

一、实验目的

1. 理解缓冲溶液可以起到缓冲作用的原理，并会计算各种缓冲液的理论pH。
2. 掌握缓冲溶液的配制方法，并通过实验了解其缓冲作用。
3. 进一步掌握pH计的使用方法。

二、实验原理

弱酸及其共轭碱（如 CH_3COOH-CH_3COONa）的水溶液，或者弱碱和它的共轭酸（如 $NH_3 \cdot H_2O$-NH_4Cl）的水溶液，可以抵抗外来的少量酸、碱或稀释的影响而使溶液pH保持几乎不变，具有这种缓冲作用的溶液叫缓冲溶液。缓冲溶液的有效缓冲范围为 $pK_a \pm 1$。

对于弱酸及其共轭碱（盐）组成的缓冲溶液，其pH的计算公式为：

$$pH = pK_a - \lg[c(\text{酸})/c(\text{盐})]$$

对于弱碱及其共轭酸（盐）组成的缓冲溶液，其pOH的计算公式为：

$$pOH = pK_b - \lg[c(\text{碱})/c(\text{盐})]$$

三、仪器与试剂

1. 仪器

pH计。

2. 药品

$NH_3 \cdot H_2O$（1.0mol/L），NH_4Cl（0.1mol/L），HAc（0.1mol/L、1.0mol/L），NaAc（1.0mol/L、0.1mol/L），HCl（0.1mol/L），NaOH（0.1mol/L），标准缓冲溶液（pH=6.86、4.00）。

四、实验步骤

1. 精密 pH 计的调试和准备

（1）复合电极活化（去离子水中浸泡过夜）

（2）仪器预热 20～30min

（3）仪器标定（两点法）

① 将 pH 电极和温度探棒插入所选的标准缓冲溶液（pH=6.86）液面以下 4cm，轻摇，温度探棒要靠近 pH 电极。

② 按 CAL 键，仪器将会显示“CAL”和“BUF”符号及“7.01”的标准值。

③ 按“▲”或来选择相应的缓冲值（一般第一点选择“6.86”的标准值）。

④ 当读数不稳定时，屏幕会显示“NOT READY”。

⑤ 当读数稳定时，将显示“READY”和“CFM”，按 CFM 键确认校准。

⑥ 如果数字接近所选缓冲值，仪器储存读数，第一显示校准值，第二显示“6.86”。如果数字不接近所选缓冲值，“WRONG（BUF）”和“WRONG”就会交替闪烁。此时应检查缓冲液是否已用过并检查电极是否干净，必要时更换。

⑦ 在确认第一校准点后，将 pH 电极和温度探棒插入第二标准缓冲溶液（pH=4.01）液面以下 4cm，轻摇，温度探棒要靠近 pH 电极。

⑧ 当读数稳定时，显示“READY”和“CFM”，并闪烁，按 CFM 键确认校准。

⑨ 如果读数接近所选缓冲值，仪器会储存数值并返回正常测量方式。

（4）测量

① 用去离子水冲洗电极，并将水珠吸干，然后将电极浸入待测溶液中，并轻轻转动或摇动小烧杯，使溶液均匀接触电极。注意：被测溶液的温度应与标准缓冲溶液的温度相同。

② 待读数稳定后，屏幕显示值即为测定值。

③ 测量完毕，记录读数；关闭电源，冲洗电极，放入电极保护液中保存。

（不同型号的 pH 计使用方法略有不同，根据自己实验室仪器型号，适当修改上述实验过程。）

2. 未知溶液 pH 的测试

（1）缓冲溶液的配制及其 pH 的测定

按表 1 配制 4 种缓冲溶液，测定前溶液必须搅拌均匀，分别插入擦洗干净的 pH 复合电极，测定其 pH，待读数稳定后，记录测定结果，并进行理论计算，将理论计算值与测定值进行比较。

表 1　缓冲溶液的配制及其 pH 的测定

编号	配制溶液（用移液管各取 25.00mL）	pH 测定值	pH 计算值
1	$NH_3 \cdot H_2O$（1.0mol/L）+NH_4Cl（0.1mol/L）		
2	HAc（0.1mol/L）+NaAc（1.0mol/L）		
3	HAc（1.0mol/L）+NaAc（0.1mol/L）		
4	HAc（0.1mol/L）+NaAc（0.1mol/L）		

(2) 试验缓冲溶液的缓冲作用

在以上配制的第4号缓冲溶液中先加入0.5mL(约10滴)0.1mol/L HCl溶液,摇匀后,测定其pH;再加入1.0mL(约20滴)0.1mol/L NaOH溶液,摇匀,测定其pH,在表2中记录测定结果,并与计算值进行比较。

表2 缓冲溶液的缓冲作用

4号缓冲溶液	pH测定值	pH计算值
加入0.5mL HCl溶液(0.1mol/L)		
加入1.0mL NaOH溶液(0.1mol/L)		

实验完毕后,清洗电极,整理仪器。

五、注意事项

1. 精密pH计的使用。
2. 缓冲溶液的配制。

六、问题与讨论

1. 怎样根据要配制的缓冲溶液pH来选定缓冲物质?
2. 为什么在通常情况下所配制的缓冲溶液中酸(或碱)的浓度与其共轭碱(或共轭酸)的浓度相近?这种缓冲溶液的pH主要取决于什么?
3. 分析pH测定值与计算值不同的误差来源。

实验四 由易拉罐制备明矾

一、实验目的

1. 了解铝和氧化铝的两性。
2. 了解明矾的制备方法。
3. 练习和掌握溶解、过滤、结晶以及沉淀的转移和洗涤等无机制备中常用的基本操作。

二、实验原理

铝是一种两性元素,既与酸反应,又与碱反应。将其溶于浓氢氧化钠溶液,生成可溶性的四羟基合铝(Ⅲ)酸钠($Na[Al(OH)_4]$),再用稀H_2SO_4调节溶液的pH值,可将其转化为氢氧化铝;氢氧化铝可溶于硫酸,生成硫酸铝。硫酸铝能同碱金属硫酸盐如硫酸钾在水溶液中结合成一类在水中溶解度较小的同晶的复盐,称为明矾[$KAl(SO_4)_2 \cdot 12H_2O$]。当冷却溶液时,明矾则结晶出来。制备中的化学反应如下:

$$2Al + 2NaOH + 6H_2O = 2Na[Al(OH)_4] + 3H_2\uparrow$$

$$2Na[Al(OH)_4] + H_2SO_4 = 2Al(OH)_3 + Na_2SO_4 + 2H_2O$$

$$2Al(OH)_3 + 3H_2SO_4 = Al_2(SO_4)_3 + 6H_2O$$

$$Al_2(SO_4)_3 + K_2SO_4 + 24H_2O = 2KAl(SO_4)_2 \cdot 12H_2O$$

废旧易拉罐的主要成分是铝,因此本实验中采用废旧易拉罐代替纯铝制备明矾,也可采用铝箔等其他铝制品。

三、仪器与药品

1. 仪器

烧杯(100mL两只),量筒(20mL、10mL),pH试纸(1~14),普通漏斗,布式漏斗,抽滤瓶,表面皿,蒸发皿,水浴锅,电子天平。

2. 药品

H_2SO_4[3mol/L、(1+1)]，NaOH，K_2SO_4，易拉罐或其他铝制品（实验前充分剪碎），无水乙醇。

四、实验步骤

1. 四羟基合铝（Ⅲ）酸钠（Na[Al(OH)$_4$]）的制备

在电子天平上快速称取固体氢氧化钠1g，迅速将其转移至100mL的烧杯中，加20mL水溶解。称0.5g剪碎的易拉罐，将烧杯置于70℃水浴中加热（反应剧烈，防止溅出），分次将易拉罐碎屑放入溶液中。待反应完毕后，趁热用普通漏斗过滤。

2. 氢氧化铝的生成和洗涤

在上述羟基合铝（Ⅲ）酸钠溶液中加入4mL左右的3mol/L H_2SO_4溶液（应逐滴加入），调节溶液的pH值7～8，此时溶液中生成大量的白色氢氧化铝沉淀，用布氏漏斗抽滤，并用蒸馏水洗涤沉淀。

3. 明矾的制备

将抽滤后所得的氢氧化铝沉淀转入蒸发皿中，加5mL（1+1）H_2SO_4，再加7mL水溶解，加入2g硫酸钾加热至溶解（水浴70℃），将所得溶液在空气中自然冷却后，加入3mL无水乙醇，待结晶完全后，减压过滤，用5mL（1+1）的水-乙醇混合溶液洗涤晶体两次；将晶体用滤纸吸干，称重，计算产率。

4. 产品的定性分析

自己设计定性分析方法（提示：用化学方法鉴定），要求写出分析方法。

五、注意事项

1. 在剪碎易拉罐时注意安全。
2. 自己设计定性分析方法时注意可行、简便、现象明显。

六、问题与讨论

1. 计算用0.5g纯的金属铝能生成多少克的硫酸铝？这些硫酸铝需与多少克硫酸钾反应？
2. 若铝中含有少量铁杂质，在本实验中如何除去？

实验五　硫酸根含量的测定——重量法

一、实验目的

1. 学习和掌握重量法测量硫酸根含量的基本操作和原理。
2. 练习沉淀、过滤以及干燥等常用的基本操作。

二、实验原理

硫酸盐在盐酸溶液中，与加入的氯化钡形成硫酸钡沉淀。在接近沸腾的温度下进行沉淀，并至少煮沸20分钟，使沉淀陈化之后过滤，洗沉淀至无氯离子为止，烘干或者灼烧沉淀，冷却后，称硫酸钡的质量。

三、仪器与药品

1. 仪器

水浴锅，烘箱，马弗炉，滤纸（酸洗并经过硬化处理，能阻留微细沉淀的致密无灰分滤纸，即慢速定量滤纸），0.45μm滤膜，熔结玻璃坩埚G4（30mL）。

2. 试剂

(1+1) 盐酸，$BaCl_2$ (100mg/L)，0.1%甲基红指示剂，$AgNO_3$ (约0.1mol/L，将0.17g硝酸银溶解于80mL水中，加0.1mL浓硝酸，稀释至100mL。贮存于棕色试剂瓶中，避光保存)，无水碳酸钠，(1+1) 氨水。

四、实验步骤

1. 沉淀

移取适量经0.45μm滤膜过滤的水样（测可溶性硫酸盐）置于500mL烧杯中，加2滴(0.1%) 甲基红指示液，用 (1+1) 盐酸或 (1+1) 氨水调至试液呈橙黄色，再加2mL盐酸，然后补加水使试液的总体积约为200mL。加热煮沸5min（此时若试液出现不溶物，应过滤后再进行沉淀），缓慢加入约10mL热的100mg/L $BaCl_2$ 溶液，直到不再出现沉淀，再过量2mL。继续煮沸20min，放置过夜，或在50~60℃下保持6h使沉淀陈化。

2. 过滤

用已经恒重过的玻璃坩埚G4过滤沉淀，用带橡皮头的玻璃棒将烧杯中的沉淀完全转移到坩埚中去，用热水少量多次地洗涤沉淀直到没有氯离子为止。在含约5mL 0.1mol/L $AgNO_3$ 溶液的小烧杯中检验洗涤过程中氯化物。收集约5mL的过滤洗涤水，如果没有沉淀生成或者不变浑浊，即表明沉淀中已不含氯离子。

3. 干燥和恒重

取下坩埚并在105℃±2℃干燥大约1~2h，然后将坩埚放在干燥器中，冷却至室温后，称重。再将坩埚放在烘箱中干燥10min，冷却，称重，直到前后两次的重量差不大于0.0002g为止。

4. 计算

硫酸根含量 (mg/L) $=m\times0.4115\times1000/V$

式中，m 为从试样中沉淀出来的硫酸钡的质量，mg；V 为试液的体积，mL；0.4115为硫酸钡质量换算为硫酸根的系数。

五、注意事项

使用过的玻璃坩埚清洗：可用每升含8g Na_2-EDTA和25mL乙醇胺的水溶液将坩埚浸泡过夜，然后将坩埚在抽滤情况下用水充分洗涤。用少量无灰滤纸的纸浆与硫酸钡混合，能改善过滤效果。在此种情况下，应将过滤并洗涤好的沉淀放在铂坩埚中，在800℃灼烧1h，放在干燥器中冷却至恒重。

六、问题与讨论

1. 为什么沉淀要在稀溶液中进行？加过量对实验有何影响？
2. 为什么沉淀反应需在热溶液中进行？为什么沉淀完毕后要放置一段时间才过滤？
3. 为了使沉淀完全，必须加入过量沉淀剂，为什么又不能过量太多？

实验六 葡萄糖酸锌的制备与质量分析

一、实验目的

1. 掌握葡萄糖酸锌的制备原理和方法。
2. 掌握蒸发、浓缩、减压过滤、重结晶等操作。
3. 了解葡萄糖酸锌的质量分析方法。

二、实验原理

锌是人体必需的微量元素之一，它具有多种生物作用，可参与核酸和蛋白质的合成，能增强人体免疫力，促进儿童生长发育。人体缺锌会造成生长停滞、自发性味觉减退和创伤愈合不良等严重问题，从而引发多种的疾病。葡萄糖酸锌作为补锌药，具有见效快、吸收率高、副作用小、使用方便等优点。另外，葡萄糖酸锌作添加剂，在儿童食品、糖果、乳制品中的应用也日益广泛。

葡萄糖酸锌无味，易溶于水，极难溶于乙醇。葡萄糖酸锌由葡萄糖酸直接与锌的氧化物或盐制得。本实验采用葡萄糖酸钙与硫酸锌直接反应：

$$Ca(C_6H_{11}O_7)_2+ZnSO_4 \xlongequal{} Zn(C_6H_{11}O_7)_2+CaSO_4\downarrow$$

过滤除去 $CaSO_4$ 沉淀，溶液经浓缩可得无色或白色的葡萄糖酸锌结晶。

采用配位滴定法，在 NH_3-NH_4Cl 缓冲液存在下用 EDTA 标准溶液滴定葡萄糖酸锌样品，根据消耗的 EDTA 的体积可计算葡萄糖酸锌的含量。

三、仪器与试剂

1. 仪器

恒温水浴，抽滤装置，蒸发皿，量筒（10mL、100mL），烧杯（150mL、250mL），酒精灯，温度计，容量瓶（100mL），移液管（25mL），酸式滴定管（50mL），锥形瓶（250mL），电子天平，台秤。

2. 药品

葡萄糖酸钙，$ZnSO_4 \cdot 7H_2O$，95%乙醇，EDTA，ZnO（基准），浓盐酸，NH_3-NH_4Cl 缓冲液（pH=10），铬黑 T 指示剂。

四、实验步骤

1. 葡萄糖酸锌的制备

量取 40mL 蒸馏水于 150mL 烧杯中，于水浴中加热至 80～90℃，加入 6.7g $ZnSO_4 \cdot 7H_2O$，搅拌使完全溶解，再在不断搅拌下逐渐加入葡萄糖酸钙 10g。在 90℃水浴上静止保温 20min 后，用双层滤纸趁热抽滤（滤渣为 $CaSO_4$，弃去），滤液移至蒸发皿中并在沸水浴上浓缩至黏稠状。冷至室温，加 95%乙醇 20mL 并不断搅拌，此时有大量的胶状葡萄糖酸锌析出。充分搅拌后用倾泻法去除乙醇。再在胶状葡萄糖酸锌上加 95%乙醇 20mL，充分搅拌后沉淀慢慢转变为晶体状，抽滤至干（滤液回收），即得粗品葡萄糖酸锌，称量粗品葡萄糖酸锌质量。

粗品葡萄糖酸锌加水 10mL，水浴加热至溶解，趁热抽滤，滤液冷至室温后，加 95%乙醇 20mL 充分搅拌，结晶完成后，抽滤至干，于 50℃烘干，称量精制后的葡萄糖酸锌质量并计算产率。

2. 葡萄糖酸锌含量的测定

（1）0.05mol/L EDTA 溶液的配制

在台秤上称取 5.0g EDTA 二钠盐（$Na_2H_2Y \cdot 2H_2O$）溶于 250mL 水中，保存在试剂瓶中，摇匀。

（2）0.05mol/L EDTA 溶液的标定

准确称取在 800℃灼烧至恒重的基准 ZnO 0.9～1.0g，置于小烧杯中，用少量去离子水润湿，逐滴加入 6mol/L HCl 至 ZnO 完全溶解，定量转入 250mL 容量瓶中定容。准确移取 25.00mL 置于 250mL 锥形瓶中，边滴加 3mol/L $NH_3 \cdot H_2O$ 边摇动锥形瓶至刚出现

$Zn(OH)_2$ 沉淀，再加 NH_3-NH_4Cl 缓冲溶液 10mL 及铬黑 T 指示剂 2～3 滴，摇匀后用 EDTA 溶液滴定至溶液由紫红色变为纯蓝色，即为终点。记录消耗的 EDTA 溶液的体积。平行测定三次，按下式计算 EDTA 溶液的准确浓度：

$$c(\mathrm{EDTA})=\frac{m(\mathrm{ZnO})\times\frac{25.00}{250.00}}{M(\mathrm{ZnO})\times\frac{V(\mathrm{EDTA})}{1000}}$$

（3）葡萄糖酸锌含量的测定

准确称取约 2.3g（准确至 0.0001g）葡萄糖酸锌，加适量蒸馏水溶解后转移至 100mL 容量瓶中定容，移取 25.00mL 溶液于 250mL 锥形瓶中，加 10mL 氨-氯化铵缓冲液（pH=10.0）、4 滴铬黑 T 指示剂，用 EDTA 标准溶液（0.05mol/L）滴定至溶液自紫红色刚好转变为纯蓝色为止，记录所用 EDTA 标准溶液的体积（mL）。平行测定三次，按下式计算葡萄糖酸锌的含量。

$$w[\mathrm{Zn(C_6H_{11}O_7)_2}]=\frac{c(\mathrm{EDTA})V(\mathrm{EDTA})M[\mathrm{Zn(C_6H_{11}O_7)_2}]}{\frac{1}{4}m_S\times1000}\times100\%$$

3. 数据记录与处理

（1）葡萄糖酸锌的制备（表 1）

表 1　葡萄糖酸锌的制备

计算内容	计算结果
理论产品质量/g	
粗产品质量/g	
精制产品质量/g	
精制产品产率/%	

（2）0.05mol/L EDTA 溶液的标定（表 2）

表 2　EDTA 溶液的标定

实验编号	1	2	3
$M(\mathrm{ZnO})$/g			
$V(\mathrm{Zn^{2+}})$/mL	25.00	25.00	25.00
$V(\mathrm{EDTA})$/mL			
$c(\mathrm{EDTA})$			
$\bar{c}$/(mol/L)			
$\bar{d}_r$/%			

（3）葡萄糖酸锌含量的测定（表 3）

表 3　葡萄糖酸锌含量的测定

实验编号	1	2	3
称取葡萄糖酸锌的质量/g			
V(葡萄糖酸锌溶液)/mL	25.00	25.00	25.00
$V(\mathrm{EDTA})$/mL			
w(葡萄糖酸锌)/%			
$\bar{d}_r$/%			

五、注意事项

1. 倾泻法：该方法是尽量将沉淀保留在烧杯底部，待溶液澄清后，只将澄清液倒出。

通常用于所得沉淀的结晶颗粒较大或比重较大，静置后易沉降的固、液间的分离。

2. 一水葡萄糖酸钙分子量为448.39，葡萄糖酸锌分子量为455.68。

六、问题与讨论

1. 在沉淀与结晶葡萄糖酸锌时，都加入95%乙醇，其作用是什么？

2. 在葡萄糖酸锌的制备中，为什么必须在热水浴中进行？

实验七　从废电池回收锌皮制取七水合硫酸锌

一、实验目的

1. 掌握制备 $ZnSO_4 \cdot 7H_2O$ 的原理。

2. 熟练掌握过滤、洗涤、蒸发、结晶等基本操作。

二、实验原理

稀 H_2SO_4 与锌皮反应得到 $ZnSO_4$：

$$Zn + H_2SO_4(稀) \xlongequal{} ZnSO_4 + H_2 \uparrow$$

锌皮中的杂质铁也同时溶解生成 Fe^{2+}：

$$Fe + H_2SO_4(稀) \xlongequal{} FeSO_4 + H_2 \uparrow$$

用 HNO_3 将 Fe^{2+} 氧化为 Fe^{3+}：

$$3Fe^{2+} + NO_3^- + 4H^+ \xlongequal{} 3Fe^{3+} + 2H_2O + NO \uparrow$$

用 NaOH 将溶液 pH 值调至8，使 Zn^{2+}、Fe^{3+} 沉淀为相应的氢氧化物：

$$Zn^{2+} + 2OH^- \xlongequal{} Zn(OH)_2 \downarrow$$

$$Fe^{3+} + 3OH^- \xlongequal{} Fe(OH)_3 \downarrow$$

洗涤沉淀至无 Cl^-。

用稀 H_2SO_4 溶解 Zn $(OH)_2$，控制 pH=4，这时 Fe $(OH)_3$ 不溶解。反应式为：

$$Zn(OH)_2 + H_2SO_4 \xlongequal{} ZnSO_4 + 2H_2O$$

过滤除去 Fe $(OH)_3$。将滤液蒸发，结晶得到 $ZnSO_4 \cdot 7H_2O$。

三、仪器与药品

1. 仪器

过滤抽滤装置，比色管，水浴，蒸发皿，pH 试纸。

2. 药品

H_2SO_4 (2.0mol/L)，HNO_3 (3.0mol/L)，HCl (3.0mol/L)，NaOH (3.0mol/L)，KCNS (0.5mol/L)，$AgNO_3$ (0.1mol/L)，饱和 $FeSO_4$，苯，废电池锌皮。

四、实验步骤

1. 废锌皮的处理及溶解

废电池的锌皮上常粘有 $ZnCl_2$、NH_4Cl、MnO_2 及沥青、石蜡等。在用醋酸溶解前，在水中煮沸30分钟，再刷洗，以除去上述杂质。

称取7g处理过的干净锌皮，剪碎，放入250mL烧杯中，加入60mL 2mol/L H_2SO_4，微微加热使反应进行。反应开始后停止加热，放置过夜。过滤，得到滤液。将滤纸上的不溶物干燥后称重，计算实际溶解锌的质量。

2. $Zn(OH)_2$ 的生成和洗涤

将上面滤液移入 500mL 烧杯中，加热，加浓 HNO_3 3 滴，搅拌，使 Fe^{2+} 被氧化成 Fe^{3+}。稍冷，逐滴加入 3mol/L 的 NaOH 溶液，并不断搅拌，直至 pH 为 8，使 Zn^{2+} 沉淀完全。加 100mL 蒸馏水，搅匀，进行抽滤，再用蒸馏水洗涤沉淀，至洗涤液中不含有 Cl^- 为止，弃去滤液。

3. 溶解 $Zn(OH)_2$ 及除去铁杂质

将洗净的 $Zn(OH)_2$ 沉淀放入一洗净的烧杯中，逐滴加入 2mol/L H_2SO_4，并加热搅拌，控制 pH 为 4。加热煮沸使 Fe^{3+} 完全水解为 $Fe(OH)_3$ 沉淀，趁热过滤。用 10～15mL 蒸馏水洗涤沉淀，将洗涤液并入滤液，弃去沉淀。

4. 蒸发结晶

将上面除去 Fe^{2+} 的滤液移入一蒸发皿中，加入几滴 2mol/L 的 H_2SO_4，使 pH 为 2。在水浴上浓缩至液面出现晶膜。自然冷却后抽滤，晾干，称重，计算产率。

5. 产品检验

检验所得 $ZnSO_4 \cdot 7H_2O$ 产品是否符合试剂三级品要求。

称取 1.0g $ZnSO_4 \cdot 7H_2O$（三级），溶于 12mL 蒸馏水中，均分装在三个 25mL 的比色管中，比色管编号（1）。

称取 1.0g 上述制得 $ZnSO_4 \cdot 7H_2O$（三级），溶于 12mL 蒸馏水中，均分装在三个 25mL 的比色管中，比色管编号（2）。

（1）Cl^- 的检验

在上面两组比色管中各取一支，各加入 2 滴 0.1mol/L$AgNO_3$ 和 1 滴 HNO_3 用蒸馏水稀释 25mL 刻度，摇匀，进行比较。

（2）Fe^{3+} 的检验

在上面两组比色管中各取 1 支，各加入 3 滴 3mol/L 的 HCl 和 2 滴 KCNS 溶液，都用蒸馏水稀释至 25mL 刻度，摇匀，进行比较。

（3）NO_3^- 的检验

在上面两组各剩下的一支比色管中各加入 2mL 饱和 $FeSO_4$ 溶液，斜持比色管，沿管壁慢慢滴入 2mL 浓 H_2SO_4，比较形成的棕色环。

根据上面三次比较结果，评定你的产品的 Cl^-、Fe^{3+}、NO_3^- 的含量是否达到三级试剂标准。

五、注意事项

1. 实验过程中的 pH 值的控制。
2. 各离子的检验。

六、问题与讨论

1. 本实验若不经过 $Zn(OH)_2$ 的生成及溶解除铁，而是采用控制加 NaOH 的量进行分步沉淀，一次性纸杯硫酸锌，是否可行？
2. 设计实验方案从废干电池回收氯化铵。

实验八　废锌锰干电池的综合利用

一、实验目的

1. 了解废干电池的有效成分的回收利用方法。

2. 练习无机物的提取、制备、提纯方法。

二、实验原理

锌锰干电池，其负极作为电池壳体的锌电极，正极是 MnO_2 碳粉包围着的石墨电极，电解质是 $ZnCl_2$ 及 NH_4Cl 的糊状物。

正极为阴极，锰由+4 价还原为+3 价

$$2MnO_2+2NH_4^+ +2e^- \longrightarrow 2MnO(OH)+2NH_3$$

负极为阳极，锌氧化为+2 价的二铵合锌离子：

$$Zn+2NH_3-2e^- \longrightarrow Zn(NH_3)_2^{2+}$$

总的电池反应为：

$$2MnO_2+Zn+2NH_4Cl \longrightarrow 2MnO(OH)+Zn(NH_3)_2Cl_2$$

在使用过程中，锌皮、MnO_2、$ZnCl_2$ 及 NH_4Cl 都可以回收。

三、仪器与药品

1. 仪器

烧杯，漏斗，蒸发皿，电炉，坩埚，钳子，小刀，剪刀，螺丝刀。

2. 药品

H_2SO_4 (6mol/L)、$CuSO_4$ (0.1mol/L)，废干电池。

四、实验步骤

1. 废干电池的处理

剥去废干电池外壳包装，用螺丝刀翘去顶盖，用小刀除去沥青层，用钳子慢慢取出碳棒，取下铜帽。铜帽作为实验或生成硫酸铜的原料，碳棒作为电极。

用剪刀将废电池外壳剥开，取出黑色物质，即 MnO_2、碳粉、NH_4Cl、$ZnCl_2$ 的混合物。将这些黑色物质倒入烧杯中，加入蒸馏水 50mL（按照一节电池加入量），搅拌溶解，澄清后进行过滤。滤液可以提取 NH_4Cl，滤渣可以制备 MnO_2 及 Mn 的化合物，电池外壳可以制备锌及锌盐。

2. 从滤液中提取 NH_4Cl

将上步的滤液倒入蒸发皿，加热蒸发至滤液中晶体出现时，低温加热并不断搅拌（防止过热 NH_4Cl 分解）。低温加热至只剩下少量液体，停止加热，冷却，得到 NH_4Cl 固体。因为晶体中含有少量 $ZnCl_2$，利用 NH_4Cl 350℃可以升华的性质，提纯 NH_4Cl。

3. 从滤渣中提取 MnO_2

将剩下的滤渣黑色混合物（MnO_2、碳粉）研碎，加水溶解，用酸调节 pH 约为 2，加热、搅拌、冷却、过滤，用蒸馏水洗至无 Cl^-，将黑色沉淀转移至蒸发皿中在空气中灼烧（除去碳粉），并用玻璃棒搅拌，至无火星时停止加热，得到的黑色固体即为 MnO_2 粗产品。

4. 锌壳制取碱式碳酸锌

取上一步准备好的锌皮 5g 左右，加入 30mL 6mol/L 的 H_2SO_4 与数滴 0.1mol/L 的 $CuSO_4$ 不断搅拌并加热煮沸，使二价铁离子充分氧化成三价铁离子。

但在试验中发现溶液颜色基本不显示黄色，所以进行三价铁离子的检验：取溶液数滴加入硫氰化钾溶液，无现象，证明不含有三价铁离子，所以省略调整 pH 以除去铁离子的过程，而是在反应结束后直接抽滤。向滤液中缓缓加入碳酸钠固体至不再析出白色絮状沉淀，过滤，得到碱式碳酸锌。

五、注意事项

1. 交出合格产品，并写出研究性实验报告。
2. 对实验结果做出评价，提出改进意见。

六、思考与讨论

1. 从废电池中可以回收哪些有用物质？
2. 制的锰的化合物的产率？

实验九　无机颜料的制备

一、实验目的

1. 制备以无机盐为主要成分的无机颜料。
2. 探究能增强无机颜料附着性和强度的具体配方，并研究某些颜料的特殊用途。

二、仪器与药品

1. 仪器

烧杯，玻璃棒，滤纸，漏斗，研钵，表面皿等。

2. 药品

二水合氯化铜，亚硫酸钠，七水合硫酸亚铁，六水合硫酸亚铁铵，30%过氧化氢溶液，六水合氯化铁，氢氧化钠，氯酸钾，二水合草酸，重铬酸钾，六氰合铁（Ⅱ）酸钾，六氰合铁（Ⅲ）酸钾，无水碳酸钠等。

三、实验步骤

1. 氧化铁（棕红）的制备

① 分别配制氯化铁和氢氧化钠溶液（浓度依情况而定，用较浓的溶液更易过滤，且成品颜色较深）。

② 将两溶液混合，氢氧化钠溶液稍过量，不断搅拌，产生红色沉淀（水合氧化铁）。

③ 将滤纸折成伞形过滤（大大加快过滤速度），弃去滤液，用3%过氧化氢稀溶液洗涤滤纸中的沉淀一至两次，利用产生大量小气泡搅动沉淀，快速完全清洗沉淀。（残余的过氧化氢不影响下一步操作）。

④ 用药匙将滤纸内的湿沉淀小心刮下，将其转移到干燥滤纸（吸水性好的纸均可）上，数分钟后即可转移至塑料小瓶内（因用于制颜料，不需完全干燥）。

2. 碱式硫酸铁（橙）的制备

① 在500mL的烧杯中配制饱和的硫酸亚铁溶液（溶液体积应少于烧杯容积的1/4，防止下一步操作中溶液飞溅甚至溢出容器）。

② 用滴管吸取30%过氧化氢溶液，逐滴滴入硫酸亚铁溶液中（反应剧烈），并充分摇振烧杯，溶液变为深红色，继续滴加直到深红色溶液变为黏稠的橙黄色固体。

③ 慢慢滴加氢氧化钠稀溶液调节酸度，使其析出更多橙红色沉淀（若滴加过快会产生黑褐色物质）。

④ 冷却后如上操作过滤、洗涤、装瓶即可。

3. 氧化铁（橙）

① 配制2mol/L氢氧化钠和1mol/L硫酸亚铁的溶液。

② 向硫酸亚铁溶液中滴加氢氧化钠溶液，不断搅拌，直至溶液接近中性（用精密试纸

检验）。

③ 按 1mol 硫酸亚铁约 11g 氯酸钾的比例，加入氯酸钾，加热升温至近沸，搅拌，悬浊液转为橙色。向该溶液中继续滴加氢氧化钠溶液至接近中性，得到橙色沉淀。

④ 同上操作过滤、洗涤、装瓶得橙色氧化铁。

4. 草酸亚铁（黄）

① 按理论配比称量草酸和硫酸亚铁晶体，分别研细，再混合研磨至均匀。

② 将混合物转移至烧杯中，隔石棉网加热，控制温度并迅速搅拌以避免草酸分解。固体融为黏稠浆液，变为黄色。

③ 转为水浴加热，使所得草酸亚铁浆液更加浓稠，之后装瓶（若对稠度要求不高此步可略去）。

5. 草酸铜（浅蓝）

① 配制浓硫酸铜溶液（氯化铜也可），加入过量二水合草酸固体，立即产生浑浊。充分搅拌，确保没有二水合草酸固体剩下。

② 静置，倾去上层清液，洗涤数次（因草酸铜沉降慢，建议第一步按理论量称取，可省去洗涤步骤），过滤剩余浅蓝色草酸铜。

③ 同前步骤处理所得沉淀。

6. 碱式碳酸铜（青蓝）

① 配制浓硫酸铜溶液，按化学计量数 2∶1 加入无水碳酸钠，立即产生气泡。充分搅拌，至气泡基本消失，得稠状偏蓝色悬浊液。

② 过滤。由于悬浊液浓稠且不断有细小气泡产生，过滤可能较慢，可适当轻振漏斗。

③ 同前步骤处理所得沉淀，稍干燥后固体稍微变绿。

7. 三氧化二铬（草绿）

加热重铬酸铵得三氧化二铬（此法所得的三氧化二铬颜色偏暗），研至足够细，装瓶。

8. 六氰合铁酸铁钾（普鲁士蓝，深蓝）

① 配制六氰合铁（Ⅲ）酸钾浓溶液和硫酸亚铁浓溶液。

② 混合，产生大量深蓝色沉淀。过滤（较慢，最好抽滤），稍干燥后装瓶。

四、注意事项

将以上产物仅用水润湿后涂抹在纸上，干燥后用手擦拭，除普鲁士蓝仅稍掉色，其余均易脱落，几乎完全不能用于实际应用。找到一种物质以增强颜料的附着力是很重要的。

在使用时直接用丙烯颜料调和剂调和，加少量水调匀后即可直接使用，颜料干后完全不掉色且较为均匀。但颗粒度较小的颜料（如草酸铜、草酸亚铁、普鲁士蓝）遇丙烯颜料调和剂有结块现象。可以用水调和涂匀后再喷涂丙烯颜料调和剂，也能起到较好的固着效果。

至于颜料本身，根据对以上产物的实验和性质分析，经过对比，氧化亚铜（红）、氧化铁（棕红）、碱式硫酸铁（橙）、氧化铁（橙）、柠檬酸铜（青蓝）、三氧化二铬（绿）、六氰合铁酸铁钾（深蓝）性质相对稳定，颜色相对深而鲜艳，遮盖力相对较强，更适合用作颜料。

实验十　水的硬度检测

一、实验目的

1. 了解硬度的常用表示方法。

2. EDTA 标准溶液的配制与标定。

3. 学会用配位滴定法测定水中钙镁含量的原理和方法。

4. 掌握铬黑 T、钙指示剂的使用条件和终点变化。

二、仪器与药品

1. 仪器

锥形瓶，移液管，滴定管，容量瓶。

2. 药品

乙二胺四乙酸二钠（A•R），NH_3-NH_4Cl 缓冲溶液，铬黑 T 指示剂，NaOH（6mol/L），(1+1) 盐酸，钙指示剂。

三、实验原理

通常将含较多量 Ca^{2+}、Mg^{2+} 的水叫硬水，水的总硬度是指水中 Ca^{2+}、Mg^{2+} 的总量，它包括暂时硬度和永久硬度，水中 Ca^{2+}、Mg^{2+} 以酸式碳酸盐形式存在的称为暂时硬度，遇热即成碳酸盐沉淀。反应如下：

$$Ca(HCO_3)_2 \longrightarrow CaCO_3(\text{完全沉淀}) + H_2O + CO_2\uparrow$$

$$Mg(HCO_3)_2 \longrightarrow MgCO_3(\text{不完全沉淀}) + H_2O + CO_2\uparrow$$

$$MgCO_3 \xrightarrow{+H_2O} Mg(OH)_2\downarrow + CO_2\uparrow$$

若以硫酸盐、硝酸盐和氯化物形式存在称为永久硬度，再加热亦不产生沉淀（但在锅炉运行温度下，溶解度低的可析出成锅垢）。

水的硬度是表示水质的一个重要指标，是形成锅垢和影响产品质量的重要因素。因此，水的总硬度即水中 Ca^{2+}、Mg^{2+} 总量的测定，为确定用水质量和进行水的处理提供了依据。

由 Mg^{2+} 形成的硬度称为"镁硬"，由 Ca^{2+} 形成的硬度称为"钙硬"。

水的总硬度测定一般采用配位滴定法，在 pH≈10 的氨性缓冲溶液中，以铬黑 T（EBT）为指示剂，用 EDTA 标准溶液直接测定 Ca^{2+}、Mg^{2+} 的总量。由于 K（CaY）$>K$（MgY）$>K$（Mg•EBT）$>K$（Ca•EBT），铬黑 T 先与部分 Mg 配位为 Mg•EBT(红色)。当 EDTA 滴入时，EDTA 与 Ca^{2+}、Mg^{2+} 配位，终点时 EDTA 夺取 Mg•EBT 的 Mg^{2+}，将 EBT 置换出来，溶液由红色变为蓝色。

测定钙硬时，另取等量水样加 NaOH 调节溶液 pH 为 12～13，使 Mg^{2+} 生成 $Mg(OH)_2$ 沉淀，加入钙指示剂用 EDTA 滴定，测定水中 Ca^{2+} 的含量。由 EDTA 溶液的浓度和用量，可算出水的总硬度，由总硬度减去钙硬即为镁硬。有关化学反应如下：

滴定前：$Mg^{2+} + HIn^{2-} \rightleftharpoons MgIn^{-} + H^{+}$

蓝色　　红色

滴定开始至化学计量点前：$Mg^{2+} + HY^{3-} = MgY^{2-} + H^{+}$

$Ca^{2+} + HY^{3-} = CaY^{2-} + H^{+}$

化学计量点：$MgIn^{-} + HY^{3-} = MgY^{2-} + HIn^{2-}$

红色　　蓝色

滴定时，Fe^{3+}、Al^{3+} 的干扰可用三乙醇胺掩蔽，Cu^{2+}、Pb^{2+} 和 Zn^{2+} 等重金属离子可用 KCN、Na_2S 予以掩蔽。

常以水中 Ca^{2+}、Mg^{2+} 总量换算为 CaO 含量的方法表示，单位为：mg/L 和°。水的总硬度1°表示1L水中含10mg CaO。计算水的总硬度的公式为：

$$水的总硬度=\frac{c(EDTA)V(EDTA)M(CaO)}{V(水)}\times1000(mg/L)$$

$$水的总硬度=\frac{c(EDTA)V(EDTA)M(CaO)}{V(水)}\times100(°)$$

四、实验步骤

1. EDTA标准溶液的配制与标定

（1）0.020mol/L EDTA溶液的配制

称取4.0g乙二胺四乙酸二钠（$Na_2H_2Y \cdot 2H_2O$）于500mL烧杯中，加200mL水，温热使其完全溶解，转入至聚乙烯瓶中，用水稀释至500mL，摇匀备用。

（2）以$CaCO_3$为基准物标定EDTA

① 0.020mol/L钙标准溶液的配制：准确称取120℃干燥过的$CaCO_3$ 0.50～0.55g，置于250mL烧杯中，用少量水湿润，盖上表面皿，慢慢滴加（1+1）的盐酸5mL使其溶解，加少量水稀释，定量转移至250mL容量瓶中，用水稀释至刻度，摇匀，计算其准确浓度。

② EDTA溶液浓度的标定：移取20.00mL钙标准溶液置于250mL锥形瓶中，加5mL 40g/L NaOH溶液及少量钙指示剂，摇匀后，用EDTA溶液滴定至溶液由红色恰变为蓝色，即为终点。平行滴定3份，计算EDTA溶液的浓度，要求相对平均偏差不大于0.2%。

2. 总硬度的测定

用移液管移取澄清的自来水样100mL于250mL锥形瓶中，加5mL NH_3-NH_4Cl缓冲溶液，2～3滴铬黑T指示剂，摇匀。用0.02mol/L EDTA标准溶液滴定至溶液呈蓝色，即为终点。平行测定3份，计算水的总硬度。

3. 钙硬的测定

用移液管移取澄清的自来水样100mL于250mL锥形瓶中，加入5mL 40g/L NaOH溶液，摇匀，再加入少许（约0.01g，米粒大小）钙指示剂，摇匀。用0.02mol/L EDTA标准溶液滴定至溶液呈蓝色，即为终点。平行测定3份，计算水的钙硬。

4. 镁硬的确定

由总硬减去钙硬即得镁硬。

5. 数据记录与处理（表1）

表1 自来水的总硬度的测定

实验编号	1	2	3
滴定管初读数/mL			
滴定管终读数/mL			
EDTA溶液体积/mL			
水的总硬度/°			
水的平均总硬度/°			

五、注意事项

1. 测定总硬度时用氨性缓冲溶液调节pH值。
2. 注意加入掩蔽剂掩蔽干扰离子，掩蔽剂要在指示剂之前加入。
3. 测定总硬度的时候在临近终点时应慢滴多摇。
4. 测定时要是水温过低应将水样加热到30～40℃再进行测定。

六、问题与讨论

1. 测定自来水的总硬度时，哪些离子有干扰，如何消除？

2. 当水样中 Mg^{2+} 含量较低时，以铬黑 T 为指示剂测定水中 Ca^{2+}、Mg^{2+} 总量的终点不明显，可否在水样中先加入少量 MgY^{2-} 配合物，再用 EDTA 滴定？

实验十一　简单分子结构与晶体结构模型的制作

一、实验目的

1. 手工制作一些简单原子轨道、无机分子或离子的结构模型，加深对原子结构和分子结构理论的理解。

2. 手工制作常见三种典型离子晶体结构模型和金属晶体三种密堆积模型，加深对晶体结构理论的理解。

二、实验原理

简单无机分子或离子的空间构型可以根据价层电子对互斥理论进行推测。对于 AX_m 型共价分子，其空间构型取决于中心原子的价层电子对数和配位原子的个数。根据中心原子的价层电子对数，可以用杂化轨道理论对分子的空间构型加以说明。

三种典型的 AB 型离子晶体是 NaCl 型、CsCl 型和立方 ZnS 型。在 NaCl 晶体中，Cl^- 形成面心立方晶格，Na^+ 位于 Cl^- 形成的八面体空隙中。在 CsCl 晶体中，Cl^- 采取简单立方堆积，Cs^+ 位于 Cl^- 形成的立方体空隙中。在 ZnS（闪锌矿）晶体中，S^{2-} 采取面心立方密堆积，Zn 位于 S^{2-} 形成的四面体空隙中。在金属晶体中，金属原子采取密堆积的方式排列。金属原子常见的三种密堆积方式为：面心立方密堆积、六方密堆积和体心立方堆积。金属原子以 AB-AB…方式排列，得到六方密堆积；金属原子以 ABCABC…方式排列，得到面心立方密堆积。前两者的空间利用率大于后者。

三、仪器与药品

仪器：橡皮泥，球棒模型（多孔塑料模型球、金属棍），乒乓球多套，双面胶带 1 卷，剪刀 1 把。

四、实验步骤

1. 制作轨道模型

用橡皮泥制作三种 p 轨道、五种 d 轨道的模型，加深对轨道形状、空间伸展方向的理解。

2. 分子结构模型的组装

应用 VSEPR 理论推测表 1 中各个分子的空间构型，用橡皮泥或者模型球和金属棍组装出各分子的结构模型，并指出各中心原子分别以何种杂化轨道成键。

表 1　一些分子的空间构型

分子	中心原子的价层电子对数	分子的空间构型	中心原子的轨道杂化方式
$BeCl_2$			
BF_3			
$SnCl_2$			
CH_4			
NH_3			
H_2O			
$SbCl_5$			

续表

分子	中心原子的价层电子对数	分子的空间构型	中心原子的轨道杂化方式
SF_4			
BrF_3			
XeF_2			
SF_6			
BrF_5			
XeF_4			

3. 三种典型 AB 型离子晶体结构模型的组装

用橡皮泥或者模型球和金属棍组装出 NaCl 型、CsCl 型和立方 ZnS 型离子晶体的晶胞各一个。填充表 2 中的各项内容。

表 2　三种典型的离子晶体

离子晶体结构	负离子的堆积类型	正离子所占空隙	正、负离子的配位比	晶胞中正、负离子的个数
NaCl 型				
CsCl 型				
立方 ZnS 型				

4. 金属晶体密堆积模型的组装

用乒乓球代表金属原子，相邻两个乒乓球之间用双面胶带黏结，组装出金属晶体的三种密堆积结构形式。填充表 3 中的各项内容。

表 3　金属晶体的密堆积

金属晶体密堆积的类型	金属原子的配位数	晶胞中的原子数	空间利用率
面心立方密堆积			
六方密堆积			
体心立方堆积			

五、注意事项

组装模型时注意规范性，按照晶体结构模型组装。

六、问题与讨论

1. 试推测下列多原子离子的空间构型：NO、CO、NO、SO_2、ClO^-、SiF_5^-、$IC1_4^-$。

2. 在 NaCl 型、CsCl 型、立方 ZnS 型离子晶体中，正离子在空间分别构成何种晶格？

3. ⅠA 族金属结构为体心立方堆积，而ⅡA 族金属结构为面心立方密堆积或六方密堆积，这种结构上的差异对它们的密度和硬度有何影响？

实验十二　定域化轨道的展示和轨道成分的计算

一、实验目的

1. 掌握用 GaussView 构建分子结构初猜，并用 Gaussian 软件包优化构型。

2. 学会用 Multiwfn 展示分子定域化轨道。

3. 用 Multiwfn 计算轨道成分。

二、实验原理

量子化学计算一般不依赖传统实验数据，给出初猜结构即可获得所需的物理化学参数，目前已被认为是一种可靠的实验手段。值得一提的是，由于没有直观的可观测量相对应，一些重要的物理量如电荷、分子轨道等，只能通过理论计算获得。合理运用理论方法，科学家可以把物理量和化学概念量化，并用图形生动形象地展示出来。Gaussian 系列软件是功能强大的量子化学综合计算包，是量子化学计算软件的鼻祖，也是从事量子化学计算的入门软件，目前流行的是 Gaussian09 和 Gaussian16 各版本。

由于能够确定和定量化分子的芳香性，特别是用于研究共轭分子，离域轨道一直以来受到人们更多的关注。然而，定域轨道（Localized Molecular Orbitals，LMO）包含了原子键合的重要信息，可用来考察原子成键和分子的电子结构特征。当然，LMO 也常用来分析 π 成键和离域 π 键。轨道定域化相当于对占据分子轨道做酉变换，从而产生出相同数目的离域程度尽可能低的占据轨道。如只处理定域化占据轨道，因计算速度快，Multiwfn 默认采用 Pipek-Mezey-Mulliken 方法定域化占据轨道[1]。

量子化学家在分析计算结果时经常会用到“分子轨道成分”的概念。计算轨道成分也就是计算构成轨道的各个组成部分的贡献。计算尺度从小到大可以分为：①计算基函数的贡献；②计算原子轨道的贡献；③计算原子的贡献；④计算某个片段的贡献。本实验计算各原子对轨道成分的贡献，基于 Hirshfeld 方式分割分子空间[2,3]。这种划分分子空间的方式是模糊的，原子的空间是相互交叠的，没有明确的边界，空间中每个位置上各个原子都占有一定权重。

本实验重复 Chemical Physics 上报道的 $(SiO)_2$ 团簇的环状结构[4] 并分析定域化轨道，轨道成分按文献[5] 报道的方法计算。计算细节及原理请参阅思想家公社卢天博士的帖子《谈谈轨道成分的计算方法》和《Multiwfn 的轨道定域化功能的使用以及与 NBO、AdNDP 分析的对比》。

三、计算方法

1. 方法和基组的选择

本实验优化 $(SiO)_2$ 小团簇的环状结构，体系不大，可采用文献[4] 的方法和基组 M06-2X-D3/def2-TZVP，即泛函为 M06-2X 加 D3 色散校正，基组采用 def2-TZVP。对于由主族元素构成的分子，此方法是可靠的。M06-2X 已经能很好地描述色散作用，所以加 D3 只会使精度稍微改进一点，读者可选择不加。方法和基本原理请阅读相关文献。

2. 软件

本实验采用 GaussView 5.0.8 构建分子，用 Gaussian 09（D.01）Windows 版优化分子结构，用 Multiwfn 3.7（dev）展示定域化轨道并计算轨道成分。泰山学院已购买 GaussView 和 Gaussian 09 的版权，而 Multiwfn[6] 为完全免费的开源波函数分析软件，功能强大，可从官网免费下载。

四、实验步骤

1. 输入文件的构建

有多种方法可以构建 Si、O 交替的 $(SiO)_2$ 环状结构，通过调整键的种类和数量，调节键长、键角等参数灵活构建分子。构建更复杂的分子结构，请参阅相关说明书。$(SiO)_2$ 分子中，4 个 Si—O 等长，分子可以是正方形或等边菱形结构。假设是平面正方形结构，可通过如下步骤构建（如图 6.1）：

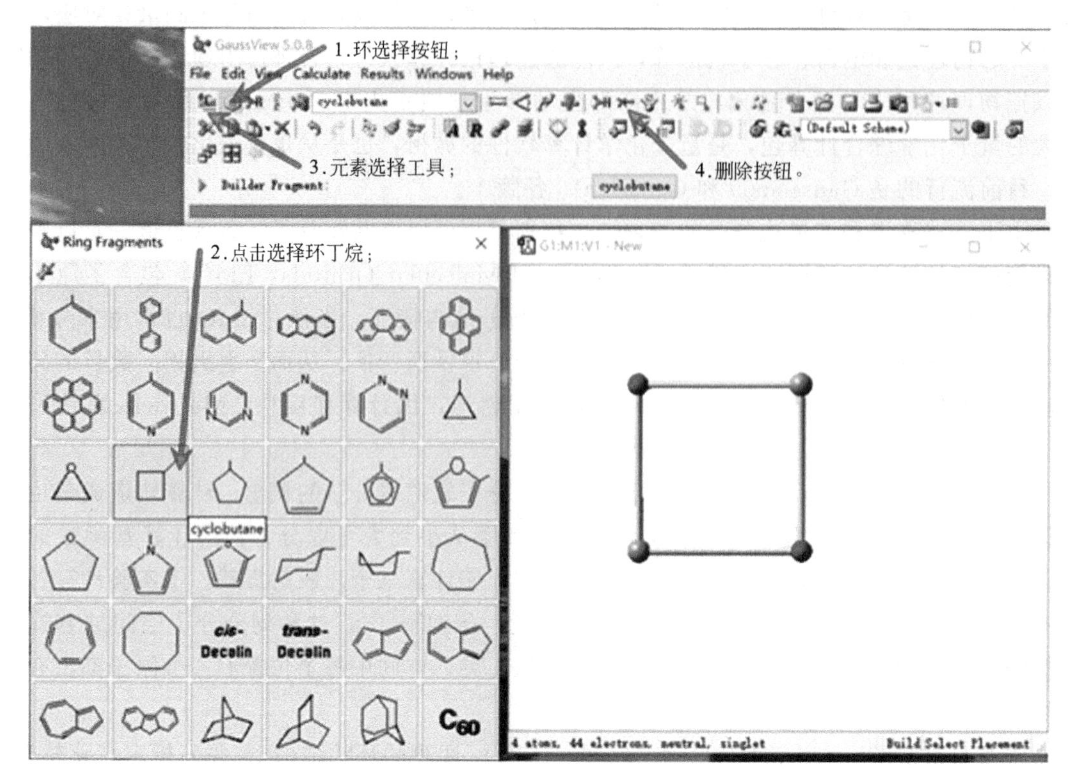

图 6.1　用 GaussView 构建 $(SiO)_2$ 正方形环状结构

① 点击环片段（Ring Fragments），再点击环丁烷结构，单击主界面输入环丁烷四元环。

② 打开元素选择界面（Element Fragments），点击 O 元素，在元素周期表下部点击 O 元素带有 2 个 σ 键 2 个孤电子对的结构（Oxygen Tetravalent S-S-Lp-Lp），点击主界面中四元环对角线的 2 个 C 原子，把亚甲基替换为 O。

③ 再点击 Si 元素，点击第 4 个选项 Silicon Trivalent（S-S-D，即 Si 原子含 2 个 σ 键和 1 个双键），替换掉主界面的另 2 个 C 原子。此时 Si 原子上连有双键，点击 Delete Atom 删除原子按钮，再点击悬键末端删除多余的双键，成功构建 Si、O 交替的四元环。当然，如果选择的是第 1 个 Si 原子，替换后每个 Si 上有 2 个 H，删除 H 即可。

④ 按文献[4]，把其中一个 Si—O 键断开（不调整键长），把其余 3 个 Si—O 键的键长调整为 1.689Å。此时，第 4 个 Si—O 键的键长也为 1.689Å，可以把它连上（连与不连没有影响），结构变成边长为 1.689Å 的正方形。

新建一文件夹，如 D：\Cheng\，从 GaussView 主控菜单（或在主界面右击）依次点击 File→Save，保存初猜结构为 Gaussian 输入文件，如 D：\Cheng\Si2O2.gjf。注意不要保存在根目录下；文件路径和文件名中不可出现中文字符和空格，一些特殊字符也要尽量避免。推荐勾选 Write Cartesians 把原子坐标保存为直角坐标形式。用记事本打开 Si2O2.gjf，把原子坐标后面的数字换成数个空行，修改输入文件如下：

```
%chk=D：\Cheng\Si2O2.gjf
%mem=1300MB
# opt M062X/def2tzvp em=GD3 Freq optcyc=233
```

Title Card Required

01

Si	1.14571516	1.48510577	0.04037895
Si	−0.54323775	−0.20389749	0.04037896
O	−0.54328481	1.48510248	0.04008345
O	1.14576225	−0.20389749	0.04037896

读者可自行查阅高斯说明书了解各输入相的含义。因无特殊要求，未对结构优化进行限制。一般来说，Gaussian09 程序通过结构优化过程给出结构相近的最稳定构型。

2. 结构优化

打开 Gaussian09 程序图形界面，载入编辑好的 Si2O2.gjf 文件，运行。Gaussian09 运行过程需约 6 分钟，电脑配置不同会稍有差异。程序运行结束前不可关闭图形界面。优化过程默认在当前文件夹下给出 Si2O2.out 和 Si2O2.chk 两个文件。

优化结束后，用 GaussView 打开输出文件 Si2O2.out，发现结构合理且无“负频”，最低简正频率为 219cm^{-1}，结构优化过程完成。Multiwfn 无法载入扩展名为 chk 的检查点文件，用 Gaussian09 程序依次点击 Utilities→FormChk，选择 Si2O2.chk，可将其转化为格式化的检查点文件（Formatted check point file），并在当前目录下生成 Si2O2.fch 文件。

五、数据处理

1. 轨道定域化及轨道成分的计算

我们把成键轨道定域化，展示成键的定域化轨道并计算轨道成分。打开 Multiwfn 3.7 (dev)，回车导入 Si2O2.fch，依次输入 19、1 并回车：

19 // Orbital localization analysis

1 // Localizing occupied orbitals only

此步骤把占据轨道定域化，不考虑空轨道，并计算所有成键轨道成分，展示占据 LMO 轨道的主要特征，输出如下结果：

```
* * * * Major character of occupied LMOs:
Almost single center LMOs: (An atom has contribution > 85.0%)
  1: 2 (Si) 100.0%        2: 1 (Si) 100.0%        3: 3 (O) 99.4%
  4: 4 (O) 99.4%          5: 2 (Si) 99.2%         6: 1 (Si) 99.2%
  7: 2 (Si) 99.6%         8: 1 (Si) 99.6%         9: 2 (Si) 99.4%
  10: 1 (Si) 99.4%        11: 2 (Si) 99.3%        12: 1 (Si) 99.3%
  13: 3 (O) 92.2%         14: 4 (O) 92.2%         21: 1 (Si) 95.1%
  22: 2 (Si) 95.1%
Almost two-center LMOs: (Sum of two largest contributions > 80.0%)
  15: 4 (O) 71.2%  1 (Si) 22.1%      16: 4 (O) 71.2%  2 (Si) 22.1%
  17: 3 (O) 71.2%  1 (Si) 22.1%      18: 3 (O) 74.1%  1 (Si) 12.5%
  19: 4 (O) 74.1%  2 (Si) 12.5%      20: 3 (O) 71.2%  2 (Si) 22.1%
```

程序区分单中心（如孤电子对和内层电子）和双中心（如 σ 键）LMO 轨道分别显示。如 19 号 LMO 轨道为 Si—O 键，2 号 Si 原子和 4 号 O 成分分别为 12.5%和 74.1%，可以认为是 Si—Oσ 键，但由于 O 上孤电子对的参与，会有一定的 π 键成分。22 号 LMO 轨道几乎全在 2 号 Si 原子上（95.1%），为 Si 的孤电子对或内层电子，很可能是 2s 轨道上的电子对。具体为何种原子轨道参与成键需要进一步确认。

2. LMO 轨道的展示和后处理

在 Multiwfn 3.7（dev）主界面继续输入 0 并回车，弹出图形界面，右下角为 LMO 轨道列表，可点击查看。以 19 号和 22 号轨道为例介绍展示 LMO 的简单方法：去掉 Show labels 和 Show axis，不再显示原子标号和坐标；Zoom in 放大分子至合适大小；点击上下左右 4 个按钮调整分子视角，缩小原子到 0.60；点击界面上方按钮，设置等值面模式（Isosurface style）为"Solid face+mesh"；如欲展示和文献[4,5] 类似的等值面，把 Isovalue 设为 0.020 e。当然，设置过小的等值面数值会使轨道显得杂乱，但也正反映了分子轨道往往涉及很多原子，并不仅仅局限于成键原子的轨道。实际上，分子轨道涉及很多原子，与化学键没法一一对应，如果不对分子轨道做定域化处理，直接通过分子轨道讨论成键问题，多数情况下并无多大用处。

点 Save picture 按钮，Multiwfn 会在当前文件夹下产生以轨道编号为文件名的 png 图片（000019.png 和 000022.png）；对图片进行后处理，标示轨道成分，得如图 6.2 所示的 LMO 轨道图。还可以根据个人习惯和爱好灵活设置，如点击上方工具栏 Other settings→Set lights，5 个灯全部点亮会使图片更明亮、色彩对比度更好。图 6.2 所示的 LMO 图像与文献[4] 稍有差别，主要在于原子编号的不同造成等值面相位的差异。编号和结构的些许不同也不影响对轨道的考察。

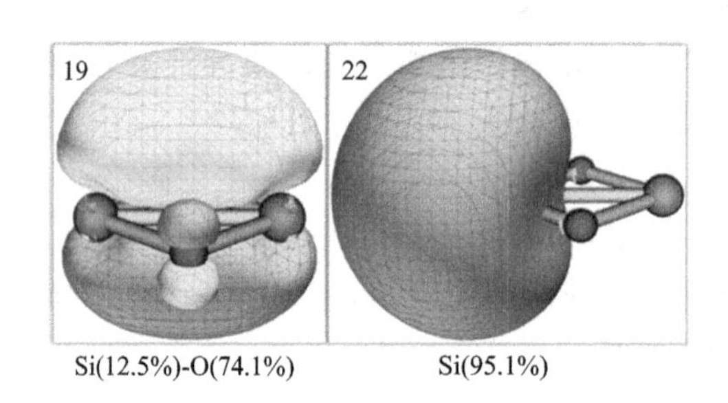

图 6.2 $(SiO)_2$ 的第 19 号和第 22 号 LMO 及轨道成分

六、参考文献

[1] 卢天，陈飞武．分子轨道成分的计算［J］．化学学报，2011，69（20）：2393-2406.

[2] Hirshfeld F L. Bonded-atom fragments for describing molecular charge densities［J］. Theoretica Chimica Acta（Berlin）1977，44：129-138.

[3] Bultinck P，Alsenoy C V，Ayers P W，et al. Critical analysis and extension of the Hirshfeld atoms in molecules［J］. Journal of Chemical Physics 2007，126（14）：129.

[4] Cheng X. Theoretical insights into the ring structures and aromaticity of neutral and ionic $(SiO)_n^{0,\pm}$（n=2−4）［J］. Chemical Physics，2021，541：111047.

[5] Zhao Y，Cheng X，Nie K，et al. Structures，relative stability，bond dissociation energies，and stabilization energies of alkynes and imines from a homodesmotic reaction［J］. Computational and Theoretical Chemistry，2021，1203：113329.

[6] Lu T，Chen F. Multiwfn：A Multifunctional wavefunction analyzer［J］. Journal of Computational Chemistry，2012，33（5）：580-592.

七、问题与讨论

1. 为什么要对分子轨道进行定域化处理？
2. 作 $(SiO)_2$ 第 20 号和第 21 号的 LMO 图形，并标出轨道的原子贡献占比。
3. 乙烯分子含 π 键，请通过量子化学方法计算和定域轨道方法确认 π 键。

实验十三 用 Multiwfn 绘制等值面图展现孤对电子位置

一、实验目的

1. 掌握等值面图极小值点的计算和绘制。
2. 展现孤对电子位置。

二、实验原理

静电势对于考察分子间静电相互作用、预测反应位点、预测分子性质等方面有重要意义，被化学家广泛使用。人们常用范德华表面静电势极值点解释亲电和亲核反应，揭示反应机理。在 2018 年，Suresh 和 Gadre[1] 报道了用静电势研究孤电子对及其相互作用，绘制了孤电子对和静电势极小值点的位置，如图 6.3 所示。作者通过表面静电势解释孤电子对的高度方向性，并试图由此阐明氢键的方向性和强度。近来，我们也报道了 21 种腈和异腈小分子的表面静电势[2]，进一步分析发现，腈和异腈的静电势极小点正好与腈和异腈基团上的端基孤电子对对应。本实验选取一对腈和异腈异构体，展示静电势极小点与孤电子对的对应关系。

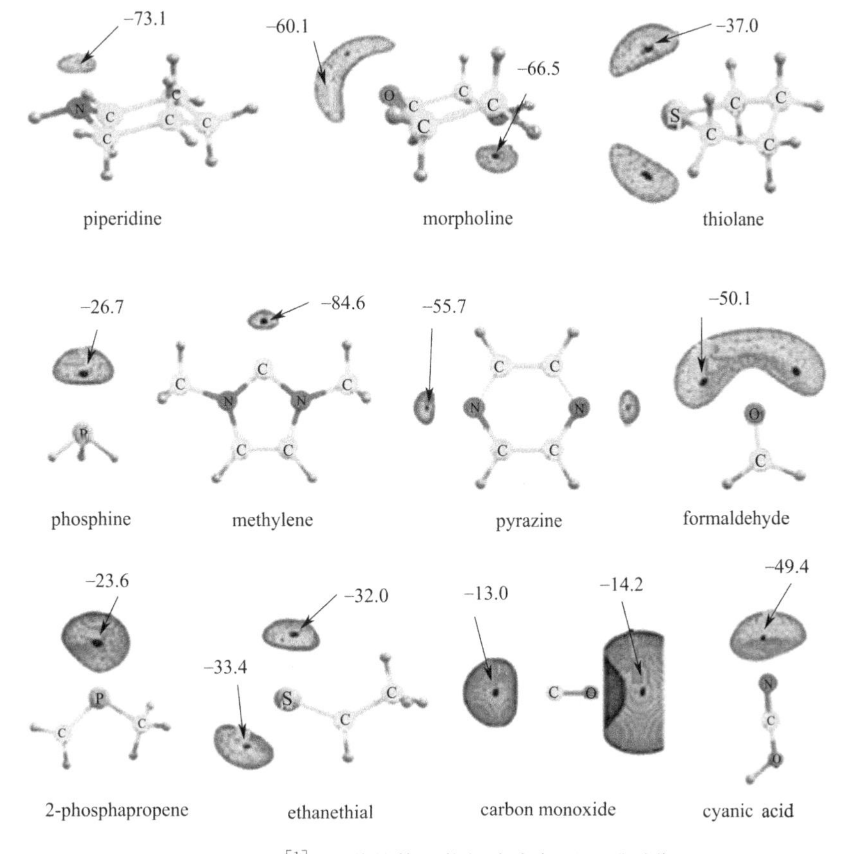

图 6.3 文献[1] 报道的静电势极小点与孤电子对位置

本实验的目的是向读者介绍量子化学计算方法，而不是关注晦涩的量子化学理论知识。量子化学实验不像传统实验那么直观，初学者需要适应的过程，造成量子化学计算入门较慢。普通读者只要做到“解之得”，能够处理实验数据就可以了。感兴趣的读者自行学习量子化学基础知识。

本实验参阅了计算化学公社卢天博士的帖子《绘制静电势全局极小点+等值面图展现孤对电子位置的方法》，并使用了他开发的开源免费波函数分析软件 Multiwfn[3] 计算和展示静电势极小点。Multiwfn 可方便快捷地计算表面静电势，还可以对谱图进行各种处理。

三、计算方法

1. 软件

本实验用 GaussView 5.0.8 和 Gaussian 09（D.01）构建和优化分子，用 Multiwfn 3.7 (dev)[3] 计算和绘制静电势极小点与孤电子对的对应关系，绘制比静电势极小点 $V_{\min}$ 高 10kcal/mol 的等值面。可从官网免费下载 Multiwfn。

2. 计算方法

本实验选取 F 原子取代的腈和异腈，采用文献[2] 的方法和基组 B3LYP-D3（BJ）/def2-QZVP。与 M06-2X 只能加零阻尼 D3 色散校正不同，B3LYP 可采用 Becke-Johnson 阻尼校正的 D3（BJ）方法[4,5]。经 D3（BJ）校正后，B3LYP 很好地描述了色散作用，可用来研究弱相互作用，是一种高效且经济的理论方法。

四、实验步骤

1. 分子构建

本实验拟把 F—C≡N：和：C═N—F 均优化为线型分子。首先在 GaussView 中输入氰基，把 H—C≡N：中的 H 用 F 取代，构建 F—C≡N：线型分子，按文献[2] 调整 F—C 和 C≡N 键长为 1.264 和 1.149Å，保存为 CNF.gjf；单击 Add Valence 按钮，在 N 上增加一个 N—H 键，把 H 替换为 F 并调整 C—N—F 键角为 180°，删除原来 C 上的 F 原子及键，调整 C═N 和 N—F 键长分别为 1.170 和 1.305Å，保存为 CNF.gjf。可以从文献[2] 的支撑材料中拷贝分子坐标。

修改输入文件，把命令行改为# opt B3LYP/def2QZVP em=GD3BJ freq optcyc=233。关键词 optcyc=233 是指定优化步数为 233 次，但盲目增加优化步数没有太大意义，特别是结构初猜已经很合理的情况。

2. 结构优化

可以分别优化 2 个输入文件，也可以建立批处理。打开 Gaussian 09，依次点击 Utilities→Edit Batch List→Add 添加文件到列表，保存为批处理文件（如 b.bcf），退出批处理文件编辑界面，点快捷面板带有向右箭头的按钮运行。程序会自动在优化完第 1 个文件后优化第 2 个，报错将导致批处理中断。

每个文件的优化时间约为 8 分钟。优化完成后，通过 GaussView 查看输出文件，优化后的结构符合预期，且 F—C≡N：和：C═N—F 均无虚频，最小频率分别为 484cm^{-1} 和 210cm^{-1}。把 chk 文件转化为 fch 文件，关闭程序。

五、数据处理

1. 计算静电势极小点与孤电子对

Multiwfn 基于盆分析（Basin analysis）[6] 获得极值点。盆是整个空间中的局部，而所有的盆组成的空间总和就是整个空间，最早是由 Bader 在他的 Atoms in molecules（AIM）

理论中引入的。启动 Multiwfn，回车载入 FCN. fch，依次输入：

17 //Basin analysis

1 //Generate basins and locate attractors

12 //Total electrostatic potential（ESP）

1 //Low quality grid，spacing=0. 20 Bohr，cost：1x

当前体系很小，对精度要求不高，选择 Low quality grid 就足够。静电势的计算一般可在 2 分钟左右完成，并输出以下信息：

Generating basins，please wait…

Attractor	X，Y，Z coordinate（Angstrom）			Value
1	−0. 05291772	−0. 05291772	−2. 68351520	−0. 05971451
2	−0. 05291772	−0. 05291772	−1. 30765435	34. 48521821
3	−0. 05291772	−0. 05291772	−0. 14346440	30. 01422594
4	−0. 05291772	−0. 05291772	1. 12656099	42. 44031405

表面静电势有一个−0. 05971451hartree 极小值点，即表面静电势极小值点 V_{min} = −37. 5kcal/mol。

输入选项 0（Visualize attractors and basins），回车观看极值点。此体系仅 3 个原子且不重复，可不勾选 Show axis 和 Attractor labels 去掉坐标和极值点编号，设置原子比例（Ratio of atomic size）为 0. 60。注意进行恰当设置，如去掉极值点编号，否则后处理过程还要返回此步骤。

此时计算结果还在内存中，在关闭 Multiwfn 前可进行后续处理。点击 Return 返回控制界面，依次进行如下操作显示等值面：

−10 //Return to main menu

13 //Process grid data

−2 //Visualize isosurface of present grid data

此时图形窗口显示的是以内存中装载的格点数据绘制的静电势等值面。在上方菜单点击 Isosurface style 选 Use solid face+mesh。如欲展示比静电势极小点 V_{min} 高 10kcal/mol 的等值面，则等值面值为−0. 05971451+10/627. 51=−0. 04377851hartree，修改图形界面的 Isosurface value 为−0. 043779 并回车。取消勾选 Show both sign 来避免显示与之符号相反的 0. 043779hartree 正等值面，得到比 V_{min} 高 10kcal/mol 的等值面的图形。点击 Save picture 保存图片，在当前目录下生成名为 dislin. png 的图片，重命名为 FCN. png。

为避免内存中数据干扰，可输入 exit 或 q 并回车，可退出 Multiwfn。重启 Multiwfn，导入 CNF. fch 重复以上步骤，计算得到 V_{min}=−0. 04893327hartree=−30. 7kcal/mol，等值面设置为−0. 032997hartree，保存图片为 CNF. png。

2. 图片后处理

保存的 2 张图片 FCN. png 和 CNF. png 可稍做处理，再导入 PowerPoint，标上分子名称和数值，可得图 6. 4。

用 Gaussian 软件优化分子结构并绘制如上图片发表成果时，一定要引用 Gaussian 软件和 Multiwfn 软件。另外，Multiwfn 在计算静电势时使用了 LIBRETA 代码库[7]，也要注意引用该文献。

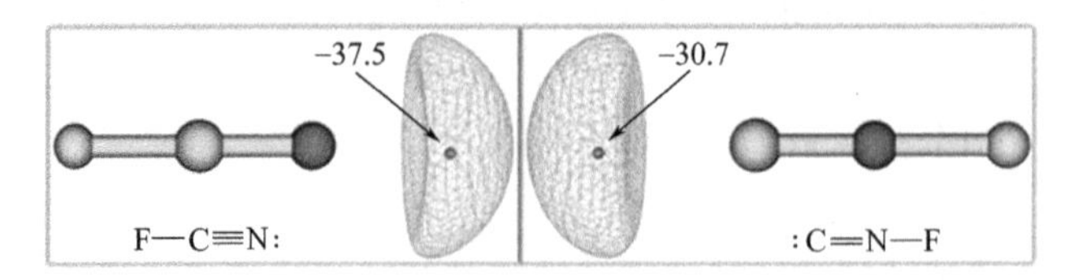

图 6.4　F—C≡N：和：C ═N—F 的表面静电势极小值点 V_{min} 及比 V_{min} 高 10kcal/mol 的等值面

六、参考文献

[1] Veetil Bijina P，Suresh C H，Gadre S R，Electrostatics for probing lone pairs and their interactions [J] . Journal of Computational Chemistry，2018，39，488-499.

[2] Zhao Y，Cheng X. Isomerization energies and surface electrostatic potential analyses on nitriles and isocyanides [J]. Journal of Molecular Modeling，2021，27 (9)：257.

[3] Lu T，Chen F. Multiwfn：A Multifunctional wavefunction analyzer [J] . Journal of Computational Chemistry，2012，33 (5)：580-592.

[4] Grimme S，Ehrlich S，Goerigk L. Effect of the damping function in dispersion corrected density functional theory [J]. Journal of Computational Chemistry，2011，32 (7)：1456-1465.

[5] Goerigk L，Hansen A，Bauer C，et al. A look at the density functional theory zoo with the advanced GMTKN55 database for general main group thermochemistry，kinetics and noncovalent interactions [J] . Physical Chemistry Chemical Physics PccP，2017，19 (48)：32184-32215.

[6] Lu T，Chen F. Quantitative analysis of molecular surface based on improved Marching Tetrahedra algorithm [J]. Journal of Molecular Graphics and Modelling，2012，38：314-323.

[7] Zhang J. LIBRETA：Computerized optimization and code synthesis for electron repulsion integral evaluation [J]. Journal of Chemical Theory and Computation，2018，14 (2)：572-587.

七、问题与讨论

1. 本实验数据处理中能量采用非 SI 单位 kcal/mol，如采用 kJ/mol 应为多少？

2. 本实验中，如果要绘制比 V_{min} 能量高 5kcal/mol 的等值面，等值面值应设置为多少？

3. 优化 HO—C≡N：和：C ═N—OH 的结构并计算其表面静电势极小值点数值，绘制比 V_{min} 能量高 10kcal/mol 的等值面。

实验十四　键临界点的展示与 NCI 分析

一、实验目的

1. 学习单点计算获得检查点文件。

2. 掌握用拓扑分析获得键临界点的方法。

3. 用 NCI 分析揭示弱相互作用。

4. 了解同时展示 AIM 临界点和 NCI 分析。

二、实验原理

AIM (Atoms-In-Molecules) 是 Bader[1-4] 发展的极其知名、重要的考察电子结构的理论方法。电子密度的拓扑分析也是由 Bader 首先提出的，是 AIM 理论中的重要组成部分。Multiwfn[5] 可高效、快捷地做各种 AIM 拓扑分析，如结合 VMD 绘制 AIM 拓扑分析图 (包括临界点、键径、分子结构)。

实空间函数 (以三维空间坐标为变量的函数) 的拓扑分析主要是指获取临界点，以及获得连接临界点的拓扑路径。假设实空间函数的 Hessian 矩阵 (3×3 的二阶导数矩阵) 的本征值有

m 个正值和 n 个负值，则 $x=m-n$。临界点（Critical point，CP）分四类，以（3，x）表示：

（3,−3）对应函数的局部极大点。对于电子密度函数，通常出现在离原子核很近的位置。对于 ELF 函数，通常出现在共价键区域、孤对电子区域、原子核处。

（3,−1）对应函数的二阶鞍点。函数在一个方向曲率为正，另两个方向为负。对于电子密度函数，通常出现在有相互作用的两原子间，被称为键临界点（BCP）。

（3,+1）对应函数一阶鞍点，如同势能面上的过渡态。对于电子密度函数，通常出现在环体系平面中，如苯环的中心。对于 ELF，（3,+1）和下面的（3,+3）通常较少讨论。

（3,+3）对应函数的局部极小点，通常出现在笼状体系中，例如 C_{60} 的中心。

通常使用牛顿法高效地寻找临界点，给出一个初猜点，通过反复迭代，就能找到与之最邻近的临界点。但牛顿法不一定每次都成功，有可能一直不收敛，也可能迭代过程中碰到 Hessian 矩阵为奇矩阵的情况，或者收敛到已找到的临界点位置，此时就要尝试从下一个初猜点开始了。初猜点与期望的临界点位置越近越容易成功收敛到相应的临界点。

杨伟涛课题组 2010 年[6] 提出了通过约化密度梯度（RDG）图形化考察弱相互作用的方法，通常被叫做 NCI（Noncovalent interaction）方法。这种可视化研究弱相互作用的理论概念简单清晰，具有广泛意义和实用价值。Multiwfn 中支持的 NCI 方法（也称 RDG 方法），可以通过着色等值面图直观地展现弱相互作用。

有关拓扑分析和 NCI 方法的原理及分析案例，请参阅 Multiwfn 手册[7]。用拓扑分析显示临界点的方法，请阅读卢天博士帖子《使用 Multiwfn＋VMD 快速地绘制高质量 AIM 拓扑分析图》《使用 Multiwfn 做拓扑分析以及计算孤对电子角度》和《Multiwfn 结合 VMD 绘制 AIM 拓扑分析图》。有关 NCI 分析请阅读诸如《使用 IRI 方法图形化考察化学体系中的化学键和弱相互作用》和《使用 Multiwfn 图形化研究弱相互作用》等帖子。本实验首先重复文献[8] 中键临界点与 NCI 分析的展示方法，再把二者绘制在一张图上。

三、计算方法

1. 软件

本实验 Gaussian 09（D. 01）进行单点计算，用 Multiwfn 3.7（dev）和 VMD 1. 9. 2[9] 计算和绘制键临界点与进行 NCI 分析。Multiwfn 可从官网免费下载。VMD 也是功能十分强大的免费软件，本实验使用的是老版本，最新版本可在网站上下载。

2. 计算方法

本实验重复文献[8] 中的键临界点展示与 NCI 分析，以 $H_2C{=}N{-}CF_3$ 为例，采用文献[8] 的方法和基组 B3LYP-D3（BJ）/def2-QZVP。实验数据处理过程耗时长，直接使用文献[8] 的优化结构进行单点计算，可避开结构优化和极为耗时的频率验证过程。

四、实验步骤

1. 单点计算

文献[8] 的支撑材料给出了优化好的 $H_2C{=}N{-}CF_3$ 结构，直接拷贝分子坐标并使用。拷贝的分子坐标已经对应收敛的结构，在使用同样计算水平的情况下单点计算即可，因此不输入 opt 关键词和循环次数。单机计算时 chk 文件路径改为实际路径。可保留关键词 Freq 进行频率验证，以证明单点计算可行。然而，加频率验证和进行结构优化的耗时不会有区别。实测运算时间高达 210 分钟，最小频率 87. 6cm^{-1}，与文献一致。当然，这是必然的。因此去掉 Freq 关键词，修改后的输入文件（如 D：\ Cheng \ CH2NCF3 \ CH2NCF3. gjf）如下：

```
%chk=D： \ Cheng \ CH2NCF3 \ CH2NCF3. chk
%mem=1300MB
# B3LYP/def2QZVP em=GD3BJ

Title Card Required

01
C     -0.28978600    -1.95243600    0.00000000
N     0.55273600     -1.01421800    0.00000000
H     0.08072900     -2.97209500    0.00000000
H     -1.36779300    -1.79850100    0.00000000
C     0.08874900     0.32868700     0.00000000
F     0.55273600     0.95886200     1.08640000
F     0.55273600     0.95886200     -1.08640000
F     -1.25834700    0.48367700     0.00000000
```

分子编号与原文献完全一致，可用多种方式自由改变原子编号。单点计算耗时约 20 分钟，把 chk 文件标准化为 fch 文件备用。

2. Multiwfn 和 VMD 的预设置

首次使用 VMD 要进行一些预设置，比如给予 VMD 文件夹写入文件的权限，右击 University of Illinois 文件夹，依次点击“属性→安全→编辑”，在“组或用户名（G）”勾选“完全控制”，给予 University of Illinois 文件夹完全权限。

为能够使用 AIM 拓扑分析搜索键临界点，把 Multiwfn 文件中 examples\scripts 目录下的 AIM. bat 和 AIM. txt 拷到 Multiwfn 可执行文件所在目录，并编辑 AIM. bat，把 VMD 路径改为本机 VMD 的实际路径 move /Y *. pdb " C:\Program Files(x86)\University of Illinois\VMD"（如果路径里含有空格则必须加双引号）。把 VMD 绘图脚本文件 AIM. vmd 拷贝到 VMD 目录下，在 VMD 目录下的 vmd. rc 文件末尾加入一行 proc aim {} {source AIM. vmd}，从而使得在 VMD 控制台仅输入 aim 即可调用 AIM. vmd 绘图。

五、数据处理

1. 使用 Multiwfn 和 VMD 进行 AIM 拓扑分析搜索并显示键临界点

把要分析的 CH2NCF3. fch 拷入 Multiwfn 可执行文件所在目录，再次右击批处理文件 AIM. bat 并点击编辑，把首行 Multiwfn 后面的文件名改为 CH2NCF3. fch（或把 Multiwfn 后面的文件名设成 CH2NCF3. fch 的实际路径和文件名，本例为 D:\Cheng\CH2NCF3\CH2NCF3. fch，要保证路径为真实路径）。双击处理文件 AIM. bat，Multiwfn 按输入流文件 AIM. txt 的指令搜索临界点。Multiwfn 做 AIM 分析效率奇高，几秒钟便运算完毕，窗口自动关闭。

启动 VMD，在命令行窗口输入 aim 并回车，此时 AIM. vmd 就被激活，图形窗口出现分子结构及键临界点。图中未见共面的 F 和 H 间有弱相互作用，仅存在橙色临界点，代表电子密度为（3,−1）的键临界点（BCP）。在 VMD main 控制台，点击 Display 按钮，打开 Light 2、Light 3 和 Light 4；双击 mol. pdb 左边红色的 D，使之变成黑色，实际分子结构显示出来了。旋转分子结构到合适位置。点击 File→Render...，在第一行“Render the current scene using:”选择 Tachyon，点击 Start rendering，将在 VMD 目录下产生 vmdscene.dat.bmp 和 vmdscene.dat 两个文件。位图文件 vmdscene.dat.bmp 已被 VMD 自带的 Tachyon 渲染器渲染，虽分辨率不高，但勉强可用，把 vmdscene.dat.bmp 剪切走并重命名，如 CH2NCF3-BCP.bmp。对此图片稍作处理，如图 6.5（a）所示。

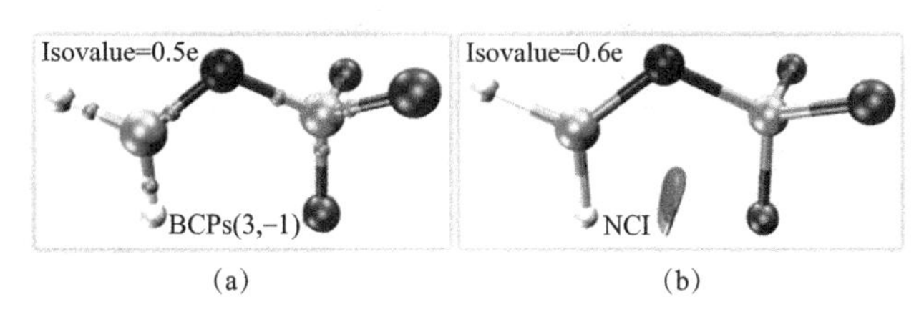

(a)　　　　(b)

图 6.5　$H_2C=N-CF_3$ 的键临界点与 NCI 分析

2. NCI 分析

拓扑分析未显示共面的 F 和 H 间有相互作用，下面用 NCI 分析探究两原子的作用力。按照 Multiwfn 3.7（dev）手册 3.23.1 Noncovalent interaction（NCI）anaylsis（1）第 237 页方法[7] 进行 NCI 分析。打开 Multiwfn，导入 CH2NCF3.fch，依次输入如下步骤并回车（//后文字为该步骤的注释和说明）：

20 // Visual study of weak interaction

1 // NCI analysis（also known as RDG analysis. JACS，132，6498）

−10 //Set extension distance of grid range for mode 1～4，current：1.500 Bohr

0 // Because weak interaction regions only appear in internal region of present system，we do not need to leave a buffer region at system boundary，so we set the extension distance to 0 Bohr

2 //Medium quality grid，covering whole system，about 512000 points in total

采用中等格点并开始计算，很快计算完成，输入−1 查看散点图，如图 6.6 所示，说明已成功分析到弱相互作用。

关闭散点图，继续输入 3 Output cube files to func1.cub and func2.cub in current folder，用选项 3 在当前文件夹下导出 func1.cub 和 func2.cub 两个文件，连同 Multiwfn 文件夹下的绘图脚本文件 examples \ RDGfill.vmd 一起拷贝到 VMD 目录下，Multiwfn 处理完成。

打开 VMD，在 VMD main 主控面板点击 File→Load Visualization State...，载入 RDGfill.vmd，直接绘制出图形。可根据个人喜好对图片设置，点击 Display 把 4 灯全部点亮；点击 Graphics→Representations...，把 Isosurface 面板的 Isovalue 由 0.5 改为 0.6 并回车（文献[8] 等值面为 0.5e），使等值面更明显一些，再点击 CPK，调整 Sphere Scale 为 0.6。导出图片，稍作处理，如图 6.5（b）。

在进行 NCI 分析时，等值面值要反复调整以获得最佳的作图效果。然而，有时为了显示出某种作用力，也会特意保留一些其他等值面，不过这使整个分子的等值面显得杂乱。作者[10] 在讨论 Ag^+ 催化的偶合反应时，重点讨论了苯环间的 π-π 堆叠作用，但也留出了 Ag^+ 周边的等值面以描述其与配体的复杂作用。

3. NCI+AIM 图的绘制

根据 Multiwfn 手册 4.20.1 部分第 670 页的例子，我们把拓扑分析的键临界点与 NCI 分析绘在一张图上。启动 Multiwfn 并再次导入 CH2NCF3.fch，按如下步骤进行 NCI 分析：

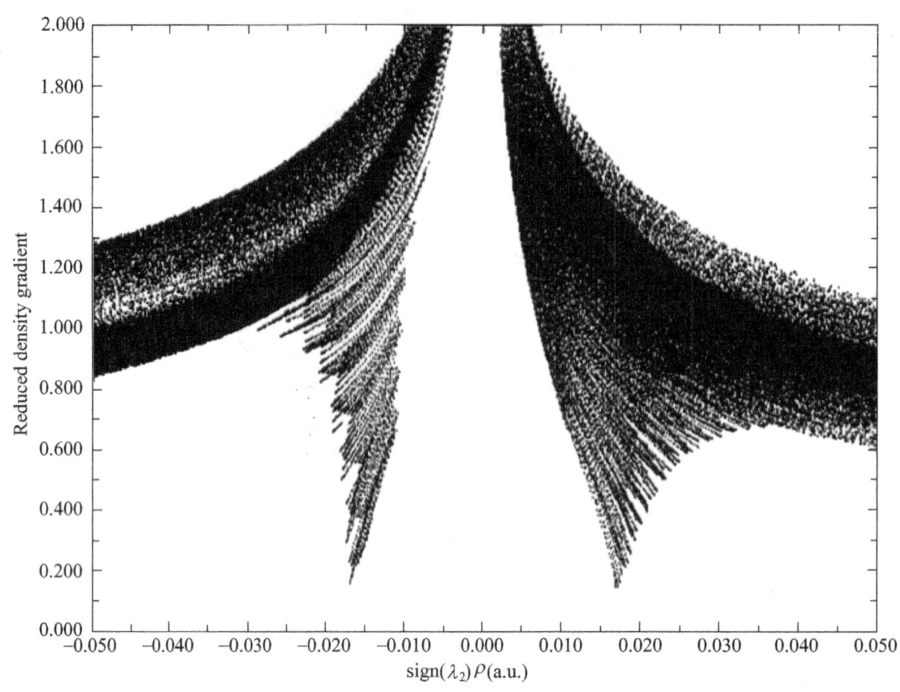

图 6.6　$H_2C{=}N{-}CF_3$ 分子内弱相互作用的 NCI 分析散点图

20 // Visual study of weak interaction

1 // NCI analysis（also known as RDG analysis. JACS，132，6498）

2 // 2 Medium quality grid，covering whole system，about 512000 points in total

计算很快完成，输入−1回车查看散点图，表明F和H间存在排斥力和van der Waals作用。用选项3在当前文件夹下导出func1. cub和func2. cub两个文件，并把这2个文件拷入VMD目录下。

需要说明的是，此步骤与前面的NCI分析是一样的，func1. cub和func2. cub包含的数据也相同，完全可以不做。这些操作是为介绍全新实验。

输入两次0并回车，返回Multiwfn主菜单并进行拓扑分析，可按如下操作：

0 // Exit

0 // Return

2 // Topology analysis

2 // Search CPs from nuclear positions

3 // Search CPs from midpoint of atom pairs

8 // Generating the paths connecting（3，−3）and（3，−1）CPs

−4 // Modify or export CPs（critical points）

6 // Export CPs as CPs. pdb file in current folder

0 // Return

−5 // Modify or print detail or export paths，or plot property along a path

6 // Export paths as paths. pdb file in current folder

Multiwfn处理完成，关闭Multiwfn。打开VMD，按前面介绍的方法导入RDGfill. vmd并进行简单设置。把拓扑分析导出的2个文件CPs. pdb和paths. pdb依次拖入VMD Main

窗口，成功拖入后会有相应条目出现。打开 Graphics→Representations...，在最上方 Selected molecules 选择包含路径的 CPs. pdb 文件，使后面进行的操作仅针对临界点；Drawing Method 由 Lines 改为 VDW，并把 Sphere Scale 由默认的 1.0 降到最低 0.1，在图形界面出现临界点；N 原子对应（3，－1）键临界点，把 Selected Atoms 下方的 All 改为 nitrogen 并回车，着色方法“Coloring Method”由默认的 Element 改为 Color ID，并在其右侧下拉菜单选 4 yellow，把键临界点小球改为黄色（本例所有临界点均为键临界点，可直接对 All 进行设置）。到此设置完成，导出图片得图 6.7 所示 NCI＋AIM 图。

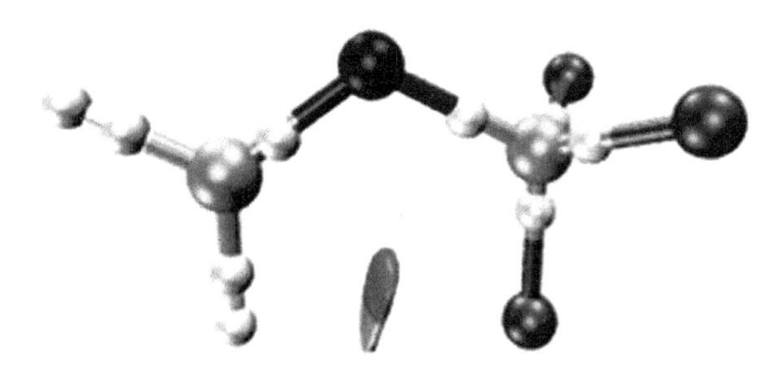

图 6.7　$H_2C{=}N{-}CF_3$ 分子的 NCI＋AIM 图

六、参考文献

[1] Bader R F W, Beddall P M. Virial field relationship for molecular charge distributions and the spatial partitioning of molecular properties [J]. Journal of Chemical Physics, 1972, 56 (7): 3320-3329.

[2] Bader R F W. Atoms in molecules [J]. Accounts of Chemical Research 1985, 18 (1): 9-15.

[3] Bader R F W. Atoms in molecules: A quantum theory [M]. Oxford: Clarendon Press, 1994.

[4] Bader R F W. A quantum theory of molecular structure and its applications [J]. Chemical Reviews, 1991, 91 (5) 893-928.

[5] Lu T, Chen F. Multiwfn: A Multifunctional wavefunction analyzer [J]. Journal of Computational Chemistry, 2012, 33 (5): 580-592.

[6] Johnson E R, Keinan S, Mori-Sánchez P, et al. Revealing noncovalent interactions [J]. Journal of the American Chemical Society, 2010, 132 (18): 6498-6506.

[7] Lu T. Multiwfn Manual, Version 3.7 (dev).

[8] Zhao Y, Cheng X, Nie K, et al. Structures, relative stability, bond dissociation energies, and stabilization energies of alkynes and imines from a homodesmotic reaction [J]. Computational and Theoretical Chemistry, 2021, 1203: 113329.

[9] Humphrey W, Dalke A, Schulten K. VMD: Visual molecular dynamics [J]. J. Mol. Graphics 1996, 14 (1): 33-38.

[10] Cheng X. Computational insights into the coupling mechanism of benzoic acid, phenoxy acetylene and dihydroisoquinoline catalyzed by silver ion as polarizer and stabilizer [J]. Applied Organometallic Chemistry, 2020, 34 (11): e5903.

七、问题与讨论

1. 除了本实验使用的 Multiwfn 和 VMD，你还知道哪些免费的量化软件和化学专业作图软件？试举例并作简单介绍。

2. 国内开发的免费量子化学计算软件有哪些？请上网搜索并尝试使用。

3. 本实验中，尝试把键临界点用紫色显示，并修改等值面值为 0.8 e。

4. 用免费软件 CYLview 绘制 $H_2C{=}N{-}CH_3$ 分子结构图。

5. 重复文献[8] 中 $H_2C{=}N{-}CH_3$ 的拓扑分析和 NCI 分析，并绘制 NCI＋AIM 图。

附　录

附录一　国际原子量表

1 氢 H 1.008	37 铷 Rb 85.4678(3)	73 钽 Ta 180.94788(2)
2 氦 He 4.002602(2)	38 锶 Sr 87.62(1)	74 钨 W 183.84(1)
3 锂 Li 6.94	39 钇 Y 88.90584(2)	75 铼 Re 186.207(1)
4 铍 Be 9.0121831(5)	40 锆 Zr 91.224(2)	76 锇 Os 190.23(3)
5 硼 B 10.81	41 铌 Nb 92.90637(2)	77 铱 Ir 192.217(3)
6 碳 C 12.011	42 钼 Mo 95.95(1)	78 铂 Pt 195.084(9)
7 氮 N 14.007	43 锝 Tc 97.90721(3)*	79 金 Au 196.966569(5)
8 氧 O 15.999	44 钌 Ru 101.07(2)	80 汞 Hg 200.592(3)
9 氟 F 18.998403163(6)	45 铑 Rh 102.90550(2)	81 铊 Tl 204.38
10 氖 Ne 20.1797(6)	46 钯 Pd 106.42(1)	82 铅 Pb 207.2(1)
11 钠 Na 22.98976928(2)	47 银 Ag 107.8682(2)	83 铋 Bi 208.98040(1)
12 镁 Mg 24 .305	48 镉 Cd 112.414(4)	84 钋 Po 208.98243(2)*
13 铝 Al 26.9815385(7)	49 铟 In 114.818(1)	85 砹 At 209.98715(5)*
14 硅 Si 28.085	50 锡 Sn 118.710(7)	86 氡 Rn 222.01758(2)*
15 磷 P 30.973761998(5)	51 锑 Sb 121.760(1)	87 钫 Fr 223.01974(2)*
16 硫 S 32.06	52 碲 Te 127.60(3)	88 镭 Ra 226.02541(2)*
17 氯 Cl 35.45	53 碘 I 126.90447(3)	89 锕 Ac 227.02775(2)*
18 氩 Ar 39 .948(1)	54 氙 Xe 131.293(6)	90 钍 Th 232.0377(2)*
19 钾 K 39 .0983(1)	55 铯 Cs 132.90545196(2)	91 镤 Pa 231.03588(2)*
20 钙 Ca 40.078(4)	56 钡 Ba 137.327(7)	92 铀 U 238.02891(3)*
21 钪 Sc 44.955908(5)	57 镧 La 138.90547(7)	93 镎 Np 237.04817(2)*
22 钛 Ti 47.867(1)	58 铈 Ce 140.116(1)	94 钚 Pu 244.06421(4)*
23 钒 V 50.9415(1)	59 镨 Pr 140.90766(2)	95 镅 Am 243.06138(2)*
24 铬 Cr 51.9961(6)	60 钕 Nd 144.242(3)	96 锔 Cm 247.07035(3)*
25 锰 Mn 54.938044(3)	61 钷 Pm 144.91276(2)	97 锫 Bk 247.07031(4)*
26 铁 Fe 55.845(2)	62 钐 Sm 150.36(2)	98 锎 Cf 251.07959(3)*
27 钴 Co 58.933194(4)	63 铕 Eu 151.964(1)	99 锿 Es 252.0830(3)*
28 镍 Ni 58.6934(4)	64 钆 Gd 157.25(3)	100 镄 Fm 257.09511(5)*
29 铜 Cu 63.546(3)	65 铽 Tb 158.92535(2)	101 钔 Md 258.09843(3)*
30 锌 Zn 65.38(2)	66 镝 Dy 162.500(1)	102 锘 No 259.1010(7)*
31 镓 Ga 69 .723(1)	67 钬 Ho 164.93033(2)	103 铹 Lr 262.110(2)*
32 锗 Ge 72.630(8)	68 铒 Er 167.259(3)	104 𬬻 Rf 267.122(4)*
33 砷 As 74.921595(6)	69 铥 Tm 168.93422(2)	105 𬭊 Db 270.131(4)*
34 硒 Se 78.971(8)	70 镱 Yb 173.045(10)	106 𬭳 Sg 269.129(3)*
35 溴 Br 79 .904	71 镥 Lu 174.9668(1)	107 𬭛 Bh 270.133(2)*
36 氪 Kr 83.798(2)	72 铪 Hf 178.49(2)	108 𬭶 Hs 270.134(2)*

续表

109 鿏 Mt 278.156(5)*	113 鿭 Nh 286.182(5)*	117 鿬 Ts 293.208(6)*
110 𫟼 Ds 281.165(2)*	114 𫓧 Fl 289.190(4)*	118 鿫 Og 294.214(5)*
111 𬬭 Rg 281.166(6)*	115 镆 Mc 289.194(6)*	
112 鿔 Cn 285.177(4)*	116 𫟷 Lv 293.204(4)*	

注：1. 数据源自2013年IUPAC元素周期表，以$^{12}C=12$为基准。

2. 中国科学技术名词审定委员会于2017年5月公布113、115、117、118号元素的中文名称。

附录二　弱电解质的解离常数

物质	化学式	解离常数 K	pK
醋酸	HAc	1.76×10^{-5}	4.75
碳酸	H_2CO_3	$K_1=4.30\times10^{-7}$	6.37
		$K_2=5.61\times10^{-11}$	10.25
草酸	$H_2C_2O_4$	$K_1=5.90\times10^{-2}$	1.23
		$K_2=6.40\times10^{-5}$	4.19
亚硝酸	HNO_2	4.6×10^{-4}(285.5K)	3.37
磷酸	H_3PO_4	$K_1=7.52\times10^{-3}$	2.12
		$K_2=6.23\times10^{-8}$	7.21
		$K_3=2.2\times10^{-13}$(291K)	12.67
亚硫酸	H_2SO_3	$K_1=1.54\times10^{-2}$(291K)	1.81
		$K_2=1.02\times10^{-7}$	6.91
硫酸	H_2SO_4	$K_2=1.20\times10^{-2}$	1.92
硫化氢	H_2S	$K_1=9.1\times10^{-8}$(291K)	7.04
		$K_2=1.1\times10^{-12}$	11.96
氢氰酸	HCN	4.93×10^{-10}	9.31
铬酸	H_2CrO_4	$K_1=1.8\times10^{-1}$	0.74
		$K_2=3.20\times10^{-7}$	6.49
硼酸	H_3BO_3	5.8×10^{-10}	9.24
氢氟酸	HF	3.53×10^{-4}	3.45
过氧化氢	H_2O_2	2.4×10^{-12}	11.62
次氯酸	HClO	2.95×10^{-5}(291K)	4.53
次溴酸	HBrO	2.06×10^{-9}	8.69
次碘酸	HIO	2.3×10^{-11}	10.64
碘酸	HIO_3	1.69×10^{-1}	0.77
砷酸	H_3AsO_4	$K_1=5.62\times10^{-3}$ (291K)	2.25
		$K_2=1.70\times10^{-7}$	6.77
		$K_3=3.95\times10^{-12}$	11.40
亚砷酸	$HAsO_2$	6×10^{-10}	9.22
铵离子	NH_4^+	5.56×10^{-10}	9.25
氨水	$NH_3\cdot H_2O$	1.79×10^{-5}	4.75
联胺	N_2H_4	8.91×10^{-7}	6.05
羟氨	NH_2OH	9.12×10^{-9}	8.04
氢氧化铅	$Pb(OH)_2$	9.6×10^{-4}	3.02
氢氧化锂	LiOH	6.31×10^{-1}	0.2
氢氧化铍	$Be(OH)_2$	1.78×10^{-6}	5.75
	$BeOH^+$	2.51×10^{-9}	8.6
氢氧化铝	$Al(OH)_3$	5.01×10^{-9}	8.3
氢氧化铝	$Al(OH)_2^+$	1.99×10^{-10}	9.7
氢氧化锌	$Zn(OH)_2$	7.94×10^{-7}	6.1

续表

物质	化学式	解离常数 K	pK
氢氧化镉	$Cd(OH)_2$	5.01×10^{-11}	10.3
乙二胺	$H_2NC_2H_4NH_2$	$K_1=8.5\times10^{-5}$	4.07
		$K_2=7.1\times10^{-8}$	7.15
六亚甲基四胺	$(CH_2)_6N_4$	1.35×10^{-9}	8.87
尿素	$CO(NH_2)_2$	1.3×10^{-14}	13.89
质子化六亚甲基四胺	$(CH_2)_6N_4H^+$	7.1×10^{-6}	5.15
甲酸	HCOOH	1.77×10^{-4}(293K)	3.75
氯乙酸	$ClCH_2COOH$	1.40×10^{-3}	2.85
氨基乙酸	NH_2CH_2COOH	1.67×10^{-10}	9.78
邻苯二甲酸	$C_6H_4(COOH)_2$	$K_1=1.12\times10^{-3}$	2.95
		$K_2=3.91\times10^{-6}$	5.41
柠檬酸	$(HOOCCH_2)_2C(OH)COOH$	$K_1=7.1\times10^{-4}$	3.14
		$K_2=1.68\times10^{-5}$(293K)	4.77
		$K_3=4.1\times10^{-7}$	6.39
酒石酸	$(CH(OH)COOH)_2$	$K_1=1.04\times10^{-3}$	2.98
		$K_2=4.55\times10^{-5}$	4.34
8-羟基喹啉	C_9H_6NOH	$K_1=8\times10^{-6}$	5.1
		$K_2=1\times10^{-9}$	9.0
苯酚	C_6H_5OH	1.28×10^{-10}(293K)	9.89
对氨基苯磺酸	$H_2NC_6H_4SO_3H$	$K_1=2.6\times10^{-1}$	0.58
		$K_2=7.6\times10^{-4}$	3.12
乙二胺四乙酸(EDTA)	$(CH_2COOH)_2NH^+CH_2CH_2NH^+(CH_2COOH)_2$	$K_5=5.4\times10^{-7}$	6.27
		$K_6=1.12\times10^{-11}$	10.95

注：近似浓度 0.01～0.003mol/L，温度 298K。

附录三 常见无机物的溶解度

单位：$g/100gH_2O$

物质	化学式	0℃	10℃	20℃	30℃	40℃	50℃	60℃	70℃	80℃	90℃	100℃
碳酸氢铵	NH_4HCO_3	11.9	16.1	21.7	28.4	36.6		59.2		109	170	354
碳酸铵	$(NH_4)_2CO_3$			100								
氯化铵	NH_4Cl	29.4	33.2	37.2	41.4	45.8	50.4	55.3	60.2	65.6	71.2	77.3
硝酸铵	NH_4NO_3	118	150	192	242	297		421		580	740	871
草酸铵	$(NH_4)_2C_2O_4$	2.2	3.21	4.45	6.09	8.18		14		22.4	27.9	34.7
磷酸铵	$(NH_4)_3PO_4$			26.1								
硫酸铵	$(NH_4)_2SO_4$	70.6	73	75.4	78	81		88		95		103
亚硫酸铵	$(NH_4)_2SO_3$	47.9	54	60.8	68.8	78.4		104		144	150	153
碳酸钡	$BaCO_3$			1.409×10^{-3}								
氯化钡	$BaCl_2$	31.2	33.5	35.8	38.1	40.8		46.2		52.5	55.8	59.4
氟化钡	BaF_2		0.159	0.16	0.162							
磷酸氢钡	$BaHPO_4$			1.3×10^{-2}								
硝酸钡	$Ba(NO_3)_2$	4.95	6.67	9.02	11.5	14.1		20.4		27.2		34.4
硫酸钡	$BaSO_4$			2.448×10^{-4}								
碳酸氢钙	$Ca(HCO_3)_2$	16.1		16.6		17.1		17.5		17.9		18.4

续表

物质	化学式	0℃	10℃	20℃	30℃	40℃	50℃	60℃	70℃	80℃	90℃	100℃
方解石	$CaCO_3$-方解石			6.170×10^{-4}								
氢氧化钙	$Ca(OH)_2$	0.189	0.182	0.173	0.16	0.141		0.121		8.6×10^{-2}	7.6×10^{-2}	
硫酸铬	$Cr_2(SO_4)_3$			220								
硫化钡	BaS	2.88	4.89	7.86	10.4	14.9		27.7		49.9	67.3	60.3
氯化镉	$CdCl_2$	100	135	135	135	135		136		140		147
碳酸镉	$CdCO_3$			3.932×10^{-5}								
氢氧化镉	$Cd(OH)_2$			2.697×10^{-4}								
硝酸镉	$Cd(NO_3)_2$	122		136	150	194		310		713		
硝酸铬	$Cr(NO_3)_3$	108	124	130	152							
氯化汞	$HgCl_2$	3.63	4.82	6.57	8.34	10.2		16.3		30		61.3
硫化汞	HgS			2.94×10^{-25}								
碘化钴	CoI_2			203								
硝酸钴	$Co(NO_3)_2$	84	89.6	97.4	111	125		174		204	300	
溴化钾	KBr	53.6	59.5	65.3	70.7	75.4		85.5		94.9	99.2	104
碳酸钾	K_2CO_3	105	109	111	114	117		127		140	148	156
氯酸钾	$KClO_3$	3.3	5.2	7.3	10.1	13.9		23.8		37.5	46	56.3
氯化钾	KCl	28	31.2	34.2	37.2	40.1		45.8	48.8	51.3	53.9	56.3
铬酸钾	K_2CrO_4	56.3	60	63.7	66.7	67.8		70.1			74.5	
氢氧化钾	KOH	95.7	103	112	126	134		154				178
碘酸钾	KIO_3	4.6	6.27	8.08	10.3	12.6		18.3		24.8		32.3
碘化钾	KI	128	136	144	153	162	168	176		192	198	206
硝酸钾	KNO_3	13.9	21.9	31.6	45.3	61.3		106		167	203	245
硫酸钾	K_2SO_4	7.4	9.3	11.1	13	14.8		18.2		21.4	22.9	24.1
碳酸镁	$MgCO_3$			3.9×10^{-2}								
氢氧化镁	$Mg(OH)_2$			9.628×10^{-4}								
硫酸镁	$MgSO_4$	22	28.2	33.7	38.9	44.5		54.6		55.8	52.9	50.4
碳酸锰	$MnCO_3$			4.877×10^{-5}								
氯化锰	$MnCl_2$	63.4	68.1	73.9	80.8	88.5		109		113	114	115
硫酸锰	$MnSO_4$	52.9	59.7	62.9	62.9	60		53.6		45.6	40.9	35.3
乙酸钠	CH_3COONa	36.2	40.8	46.4	54.6	65.6		139		153	161	170
溴化钠	NaBr	80.2	85.2	90.8	98.4	107		118		120	121	121
碳酸钠	Na_2CO_3	7	12.5	21.5	39.7	49		46		43.9	43.9	
氯酸钠	$NaClO_3$	79.6	87.6	95.9	105	115		137		167	184	204
氯化钠	NaCl	35.7	35.8	35.9	36.1	36.4		37.1		38	38.5	39.2
铬酸钠	Na_2CrO_4	31.7	50.1	84	88	96		115		125		126
氰化钠	NaCN	40.8	48.1	58.7	71.2	水解						
重铬酸钠	$Na_2Cr_2O_7$	163	172	183	198	215		269		376	405	415
碳酸氢钠	$NaHCO_3$	7	8.1	9.6	11.1	12.7		16				
氢氧化钠	NaOH	42	98	109	119	129		174				
硝酸钠	$NaNO_3$	73	80.8	87.6	94.9	102		122		148		180
亚硝酸钠	$NaNO_2$	71.2	75.1	80.8	87.6	94.9		111		113		160
草酸钠	$Na_2C_2O_4$	2.69	3.05	3.41	3.81	4.18		4.93		5.71		6.5

续表

物质	化学式	0℃	10℃	20℃	30℃	40℃	50℃	60℃	70℃	80℃	90℃	100℃
硝酸钠	$NaNO_3$	73	80.8	87.6	94.9	102		122		148		180
亚硝酸钠	$NaNO_2$	71.2	75.1	80.8	87.6	94.9		111		113		160
草酸钠	$Na_2C_2O_4$	2.69	3.05	3.41	3.81	4.18		4.93		5.71		6.5
磷酸钠	Na_3PO_4	4.5	8.2	12.1	16.3	20.2		20.9		60	68.1	77
硫酸钠	Na_2SO_4	4.9	9.1	19.5	40.8	48.8		45.3		43.7	42.7	42.5
氯化镍	$NiCl_2$	53.4	56.3	66.8	70.6	73.2		81.2		86.6		87.6
硫酸镍	$NiSO_4 \cdot 6H_2O$			44.4	46.6	49.2		55.6		64.5	70.1	76.7
五氧化二砷	As_2O_5			65.8								
三硫化二砷	As_2S_3			4.454×10^{-4}								
三氧化二砷	As_2O_3			2								
氯化亚铁	$FeCl_2$	49.7	59	62.5	66.7	70		78.3		88.7	92.3	94.9
氢氧化亚铁	$Fe(OH)_2$			5.255×10^{-5}								
硝酸亚铁	$Fe(NO_3)_2$	113	134									
氢氧化铁	$Fe(OH)_3$			2.097×10^{-9}								
硫酸铁	$Fe_2(SO_4)_3$			440								
氯化铜	$CuCl_2$	68.6	70.9	73	77.3	87.6		96.5		104	108	120
氢氧化铜	$Cu(OH)_2$			1.722×10^{-6}								
氯化锌	$ZnCl_2$	342	353	395	437	452		488		541		614
硫酸锌	$ZnSO_4$	41.6	47.2	53.8	61.3	70.5		75.4		71.1		60.5
氯化银	AgCl			0.0001923			5.2×10^{-5}					
硝酸银	$AgNO_3$	122	167	216	265	311		440		585	652	733

附录四　标准电极电势

酸性表

	电极过程	$E^{\ominus}/V$
Ag	$Ag^+ + e^- \rightleftharpoons Ag$	0.7996
	$AgBr + e^- \rightleftharpoons Ag + Br^-$	0.0713
	$AgBrO_3 + e^- \rightleftharpoons Ag + BrO_3^-$	0.546
	$AgCl + e^- \rightleftharpoons Ag + Cl^-$	0.222
	$AgCN + e^- \rightleftharpoons Ag + CN^-$	−0.017
	$Ag_2CO_3 + 2e^- \rightleftharpoons 2Ag + CO_3^{2-}$	0.47
	$AgF + e^- \rightleftharpoons Ag + F^-$	0.779
	$AgI + e^- \rightleftharpoons Ag + I^-$	−0.152
	$[Ag(NH_3)_2]^+ + e^- \rightleftharpoons Ag + 2NH_3$	0.373
	$Ag_2S + 2e^- \rightleftharpoons 2Ag + S^{2-}$	−0.691
	$Ag_2S + 2H^+ + 2e^- \rightleftharpoons 2Ag + H_2S$	−0.0366
	$AgSCN + e^- \rightleftharpoons Ag + SCN^-$	0.0895
	$Ag_2SO_4 + 2e^- \rightleftharpoons 2Ag + SO_4^{2-}$	0.654
Al	$Al^{3+} + 3e^- \rightleftharpoons Al$	−1.662
	$AlF_6^{3-} + 3e^- \rightleftharpoons Al + 6F^-$	−2.069

续表

	电极过程	$E^{\ominus}$/V
As	$As+3H^{+}+3e^{-}=AsH_3$	−0.608
	$As+3H_2O+3e^{-}=AsH_3+3OH^{-}$	−1.37
	$As_2O_3+6H^{+}+6e^{-}=2As+3H_2O$	0.234
	$HAsO_2+3H^{+}+3e^{-}=As+2H_2O$	0.248
	$H_3AsO_4+2H^{+}+2e^{-}=HAsO_2+2H_2O$	0.56
	$AsS_2^{-}+3e^{-}=As+2S^{2-}$	−0.75
	$AsS_4^{3-}+2e^{-}=AsS_2^{-}+2S^{2-}$	−0.6
Ba	$Ba^{2+}+2e^{-}=Ba$	−2.912
Bi	$Bi^{+}+e^{-}=Bi$	0.5
	$Bi^{3+}+3e^{-}=Bi$	0.308
	$BiCl_4^{-}+3e^{-}=Bi+4Cl^{-}$	0.16
	$Bi_2O_4+4H^{+}+2e^{-}=2BiO^{+}+2H_2O$	1.593
Br	Br_2(水溶液,aq)$+2e^{-}=2Br^{-}$	1.087
	Br_2(液体)$+2e^{-}=2Br^{-}$	1.066
	$BrO_3^{-}+6H^{+}+6e^{-}=Br^{-}+3H_2O$	1.423
	$2BrO_3^{-}+12H^{+}+10e^{-}=Br_2+6H_2O$	1.482
	$HBrO+H^{+}+2e^{-}=Br^{-}+H_2O$	1.331
	$2HBrO+2H^{+}+2e^{-}=Br_2$(水溶液,aq)$+2H_2O$	1.574
CO_2	$CO_2+2H^{+}+2e^{-}=CO+H_2O$	−0.12
	$CO_2+2H^{+}+2e^{-}=HCOOH$	−0.199
Ca	$Ca^{2+}+2e^{-}=Ca$	−2.868
Cd	$Cd^{2+}+2e^{-}=Cd$	−0.403
	$Cd^{2+}+2e^{-}=Cd(Hg)$	−0.352
	$Cd(CN)_4^{2-}+2e^{-}=Cd+4CN^{-}$	−1.09
	$CdS+2e^{-}=Cd+S^{2-}$	−1.17
	$CdSO_4+2e^{-}=Cd+SO_4^{2-}$	−0.246
Cl	Cl_2(气体)$+2e^{-}=2Cl^{-}$	1.358
	$HClO+H^{+}+2e^{-}=Cl^{-}+H_2O$	1.482
	$2HClO+2H^{+}+2e^{-}=Cl_2+2H_2O$	1.611
	$2ClO_3^{-}+12H^{+}+10e^{-}=Cl_2+6H_2O$	1.47
	$ClO_3^{-}+6H^{+}+6e^{-}=Cl^{-}+3H_2O$	1.451
	$ClO_4^{-}+8H^{+}+8e^{-}=Cl^{-}+4H_2O$	1.38
	$2ClO_4^{-}+16H^{+}+14e^{-}=Cl_2+8H_2O$	1.39
Co	$Co^{2+}+2e^{-}=Co$	−0.28
	$[Co(NH_3)_6]^{3+}+e^{-}=[Co(NH_3)_6]^{2+}$	0.108
	$[Co(NH_3)_6]^{2+}+2e^{-}=Co+6NH_3$	−0.43
Cr	$Cr^{2+}+2e^{-}=Cr$	−0.913
	$Cr^{3+}+e^{-}=Cr^{2+}$	−0.407
	$Cr^{3+}+3e^{-}=Cr$	−0.744
	$[Cr(CN)_6]^{3-}+e^{-}=[Cr(CN)_6]^{4-}$	−1.28
	$Cr_2O_7^{2-}+14H^{+}+6e^{-}=2Cr^{3+}+7H_2O$	1.232
	$HCrO_4^{-}+7H^{+}+3e^{-}=Cr^{3+}+4H_2O$	1.35
Cu	$Cu^{+}+e^{-}=Cu$	0.521
	$Cu^{2+}+2e^{-}=Cu$	0.342
	$Cu^{2+}+2e^{-}=Cu(Hg)$	0.345
	$Cu^{2+}+Br^{-}+e^{-}=CuBr$	0.66
	$Cu^{2+}+Cl^{-}+e^{-}=CuCl$	0.57
	$Cu^{2+}+I^{-}+e^{-}=CuI$	0.86
	$Cu^{2+}+2CN^{-}+e^{-}=[Cu(CN)_2]^{-}$	1.103
	$CuBr_2^{-}+e^{-}=Cu+2Br^{-}$	0.05

续表

	电极过程	$E^{\ominus}/V$
Cu	$CuCl_2^- + e^- = Cu + 2Cl^-$	0.19
	$CuI_2^- + e^- = Cu + 2I^-$	0
	$CuS + 2e^- = Cu + S^{2-}$	−0.7
F	$F_2 + 2H^+ + 2e^- = 2HF$	3.053
Fe	$Fe^{2+} + 2e^- = Fe$	−0.447
	$Fe^{3+} + 3e^- = Fe$	−0.037
	$[Fe(CN)_6]^{3-} + e^- = [Fe(CN)_6]^{4-}$	0.358
	$[Fe(CN)_6]^{4-} + 2e^- = Fe + 6CN^-$	−1.5
	$FeF_6^{3-} + e^- = Fe^{2+} + 6F^-$	0.4
	$Fe_3O_4 + 8H^+ + 2e^- = 3Fe^{2+} + 4H_2O$	1.23
H	$2H^+ + 2e^- = H_2$	0
	$H_2 + 2e^- = 2H^-$	−2.25
Hg	$Hg^{2+} + 2e^- = Hg$	0.851
	$Hg_2^{2+} + 2e^- = 2Hg$	0.797
	$2Hg^{2+} + 2e^- = Hg_2^{2+}$	0.92
	$Hg_2Br_2 + 2e^- = 2Hg + 2Br^-$	0.1392
	$HgBr_4^{2-} + 2e^- = Hg + 4Br^-$	0.21
	$Hg_2Cl_2 + 2e^- = 2Hg + 2Cl^-$	0.2681
	$2HgCl_2 + 2e^- = Hg_2Cl_2 + 2Cl^-$	0.63
	$Hg_2CrO_4 + 2e^- = 2Hg + CrO_4^{2-}$	0.54
	$Hg_2I_2 + 2e^- = 2Hg + 2I^-$	−0.0405
	HgS(红色)$+ 2e^- = Hg + S^{2-}$	−0.7
	HgS(黑色)$+ 2e^- = Hg + S^{2-}$	−0.67
	$Hg_2(SCN)_2 + 2e^- = 2Hg + 2SCN^-$	0.22
	$Hg_2SO_4 + 2e^- = 2Hg + SO_4^{2-}$	0.613
I	$I_2 + 2e^- = 2I^-$	0.5355
	$I_3^- + 2e^- = 3I^-$	0.536
	$2HIO + 2H^+ + 2e^- = I_2 + 2H_2O$	1.439
	$HIO + H^+ + 2e^- = I^- + H_2O$	0.987
	$2IO_3^- + 12H^+ + 10e^- = I_2 + 6H_2O$	1.195
	$IO_3^- + 6H^+ + 6e^- = I^- + 3H_2O$	1.085
	$H_5IO_6 + H^+ + 2e^- = IO_3^- + 3H_2O$	1.601
K	$K^+ + e^- = K$	−2.931
Li	$Li^+ + e^- = Li$	−3.04
Mg	$Mg^{2+} + 2e^- = Mg$	−2.372
Mn	$Mn^{2+} + 2e^- = Mn$	−1.185
	$Mn^{3+} + 3e^- = Mn$	1.542
	$MnO_2 + 4H^+ + 2e^- = Mn^{2+} + 2H_2O$	1.224
	$MnO_4^- + 4H^+ + 3e^- = MnO_2 + 2H_2O$	1.679
	$MnO_4^- + 8H^+ + 5e^- = Mn^{2+} + 4H_2O$	1.507
N	$2NO + H_2O + 2e^- = N_2O + 2OH^-$	0.76
	$2HNO_2 + 4H^+ + 4e^- = N_2O + 3H_2O$	1.297
	$NO_3^- + 3H^+ + 2e^- = HNO_2 + H_2O$	0.934
Ni	$Ni^{2+} + 2e^- = Ni$	−0.257
	$NiCO_3 + 2e^- = Ni + CO_3^{2-}$	−0.45
	$NiO_2 + 4H^+ + 2e^- = Ni^{2+} + 2H_2O$	1.678
O_2	$O_2 + 4H^+ + 4e^- = 2H_2O$	1.229
Pb	$H_3PO_3 + 2H^+ + 2e^- = H_3PO_2 + H_2O$	−0.499
	$H_3PO_3 + 3H^+ + 3e^- = P + 3H_2O$	−0.454
	$H_3PO_4 + 2H^+ + 2e^- = H_3PO_3 + H_2O$	−0.276

	电极过程	$E^{\ominus}$/V
Pb	$Pb^{2+}+2e^{-}=Pb$	−0.126
	$Pb^{2+}+2e^{-}=Pb(Hg)$	−0.121
	$PbBr_2+2e^{-}=Pb+2Br^{-}$	−0.284
	$PbCl_2+2e^{-}=Pb+2Cl^{-}$	−0.268
	$PbCO_3+2e^{-}=Pb+CO_3^{2-}$	−0.506
	$PbO+4H^{+}+2e^{-}=Pb+H_2O$	0.25
	$PbO_2+4H^{+}+2e^{-}=Pb^{2}+2H_2O$	1.455
	$PbO_2+SO_4^{2-}+4H^{+}+2e^{-}=PbSO_4+2H_2O$	1.691
	$PbSO_4+2e^{-}=Pb+SO_4^{2-}$	−0.359
S	$S+2e^{-}=S^{2-}$	−0.476
	$S+2H^{+}+2e^{-}=H_2S$(水溶液,aq)	0.142
	$S_2O_6^{2-}+4H^{+}+2e^{-}=2H_2SO_3$	0.564
Si	$Si+4H^{+}+4e^{-}=SiH_4$(气体)	0.102
	$SiF_6^{2-}+4e^{-}=Si+6F^{-}$	−1.24
	$SiO_2+4H^{+}+4e^{-}=Si+2H_2O$	−0.857
Ti	$Ti^{2+}+2e^{-}=Ti$	−1.63
	$Ti^{3+}+3e^{-}=Ti$	−1.37
	$TiO_2+4H^{+}+2e^{-}=Ti^{2+}+2H_2O$	−0.502
	$TiO^{2+}+2H^{+}+e^{-}=Ti^{3+}+H_2O$	0.1
Zn	$Zn^{2+}+2e^{-}=Zn$	−0.7618
	$Zn^{2+}+2e^{-}=Zn$	−0.7628
	$ZnS+2e^{-}=Zn+S^{2-}$	−1.4
	$ZnSO_4+2e^{-}=Zn+SO_4^{2-}$	−0.799

碱性表

	电极过程	$E^{\ominus}$/V
Ag	$Ag_2O+H_2O+2e^{-}=2Ag+2OH^{-}$	0.342
	$2AgO+H_2O+2e^{-}=Ag_2O+2OH^{-}$	0.607
Al	$Al(OH)_3+3e^{-}=Al+3OH^{-}$	−2.31
	$AlO_2^{-}+2H_2O+3e^{-}=Al+4OH^{-}$	−2.35
As	$AsO_2^{-}+2H_2O+3e^{-}=As+4OH^{-}$	−0.68
	$AsO_4^{3-}+2H_2O+2e^{-}=AsO_2^{-}+4OH^{-}$	−0.71
Ba	$Ba(OH)_2+2e^{-}=Ba+2OH^{-}$	−2.99
Bi	$Bi_2O_3+3H_2O+6e^{-}=2Bi+6OH^{-}$	−0.46
	$Bi_2O_4+H_2O+2e^{-}=Bi_2O_3+2OH^{-}$	0.56
Br	$BrO_3^{-}+3H_2O+6e^{-}=Br^{-}+6OH^{-}$	0.61
	$BrO^{-}+H_2O+2e^{-}=Br^{-}+2OH$	0.761
Ca	$Ca(OH)_2+2e^{-}=Ca+2OH^{-}$	−3.02
Cd	$CdO+H_2O+2e^{-}=Cd+2OH^{-}$	−0.783
ClO^{-}	$ClO^{-}+H_2O+2e^{-}=Cl^{-}+2OH^{-}$	0.89
	$ClO_2^{-}+2H_2O+4e^{-}=Cl^{-}+4OH^{-}$	0.76
	$ClO_3^{-}+3H_2O+6e^{-}=Cl^{-}+6OH^{-}$	0.62
Co	$Co(OH)_2+2e^{-}=Co+2OH^{-}$	−0.73
	$Co(OH)_3+e^{-}=Co(OH)_2+OH^{-}$	0.17
Cr	$Cr(OH)_3+3e^{-}=Cr+3OH^{-}$	−1.48
	$CrO_2^{-}+2H_2O+3e^{-}=Cr+4OH^{-}$	−1.2
	$CrO_4^{2-}+4H_2O+3e^{-}=Cr(OH)_3+5OH^{-}$	−0.13
Cu	$Cu_2O+H_2O+2e^{-}=2Cu+2OH^{-}$	−0.36
	$Cu(OH)_2+2e^{-}=Cu+2OH^{-}$	−0.222
	$2Cu(OH)_2+2e^{-}=Cu_2O+2OH^{-}+H_2O$	−0.08

续表

	电极过程	$E^{\ominus}/V$
F	$F_2O+2H^++4e^- = H_2O+2F^-$	2.153
Fe	$Fe(OH)_2+2e^- = Fe+2OH^-$	−0.877
	$Fe(OH)_3+e^- = Fe(OH)_2+OH^-$	−0.56
H_2O	$2H_2O+2e^- = H_2+2OH^-$	−0.8277
Hg	$Hg_2O+H_2O+2e^- = 2Hg+2OH^-$	0.123
	$HgO+H_2O+2e^- = Hg+2OH^-$	0.0977
IO_3^-	$IO^-+H_2O+2e^- = I^-+2OH^-$	0.485
	$IO_3^-+2H_2O+4e^- = IO^-+4OH^-$	0.15
	$IO_3^-+3H_2O+6e^- = I^-+6OH^-$	0.26
	$2IO_3^-+6H_2O+10e^- = I_2+12OH^-$	0.21
Mg	$Mg(OH)_2+2e^- = Mg+2OH^-$	−2.69
Mn	$MnO_4^-+2H_2O+3e^- = MnO_2+4OH^-$	0.595
	$Mn(OH)_2+2e^- = Mn+2OH^-$	−1.56
NO_3^-	$NO_3^-+H_2O+2e^- = NO_2^-+2OH^-$	0.01
	$2NO_3^-+2H_2O+2e^- = N_2O_4+4OH^-$	−0.85
Ni	$Ni(OH)_2+2e^- = Ni+2OH^-$	−0.72
O_2	$O_2+2H_2O+4e^- = 4OH^-$	0.401
	$O_3+H_2O+2e^- = O_2+2OH^-$	1.24
PO_4^{3-}	$PO_4^{3-}+2H_2O+2e^- = HPO_3^{2-}+3OH^-$	−1.05
	$H_2PO_2^-+e^- = P+2OH^-$	−1.82
Pb	$HPbO_2^-+H_2O+2e^- = Pb+3OH^-$	−0.537
	$PbO+H_2O+2e^- = Pb+2OH^-$	−0.58
S	$2SO_3^{2-}+3H_2O+4e^- = S_2O_3^{2-}+6OH^-$	−0.571
	$2SO_3^{2-}+2H_2O+2e^- = S_2O_4^{2-}+4OH^-$	−1.12
	$SO_4^{2-}+H_2O+2e^- = SO_3^{2-}+2OH^-$	−0.93
Si	$Si+4H_2O+4e^- = SiH_4+4OH^-$	−0.73
	$SiO_3^{2-}+3H_2O+4e^- = Si+6OH^-$	−1.697
Zn	$Zn(OH)_2+2e^- = Zn+2OH^-$	−1.249

注：表中所列的标准电极电势（25.0℃，101.325kPa）是相对于标准氢电极电势的值。标准氢电极电势被规定为零伏特（0.0V）。

附录五　常用酸碱溶液的浓度及配制

溶液	密度/(g/cm^3)	质量分数/%	物质的量浓度/(mol/L)	配制
浓盐酸	1.19	38	12	
稀盐酸	1.10	20	6	浓盐酸：水=1：1(体积比)
稀盐酸	1.0	7	2	6mol/L 盐酸：水=1：2(体积比)
浓硫酸	1.84	98	18	
稀硫酸	1.18	25	3	稀硫酸：水=1：5(体积比)
稀硫酸	1.06	9	1	3mol/L 硫酸：水=1：2(体积比)
浓硝酸	1.41	68	16	
稀硝酸	1.2	32	6	浓硝酸：水=8：9(体积比)
稀硝酸	1.1	12	2	6mol/L 硝酸：水=3：5(体积比)
冰醋酸	1.05	99.8	17.5	
稀乙酸	1.04	35	6	冰醋酸：水=27：50(体积比)
稀乙酸	1.02	12	2	6mol/L 醋酸：水=1：2(体积比)
浓氨水	0.91	28	15	
稀氨水	0.96	11	6	浓氨水：水=2：3(体积比)

续表

溶液	密度/(g/cm³)	质量分数/%	物质的量浓度/(mol/L)	配制
稀氨水	1.0	3.5	2	6mol/L 氨水∶水=1∶2(体积比)
浓氢氧化钠	1.44	41	14.4	
稀氢氧化钠	1.1	8	2	氢氧化钠 80g/L
石灰水		0.15	0.02	饱和石灰水澄清液

附录六　常用缓冲溶液浓度及 pH 范围

缓冲液名称及常用浓度	配制 pH 范围	主要物质分子量 M_r
甘氨酸-盐酸缓冲液(0.05mol/L)	2.2～5.0	甘氨酸 M_r=75.07
邻苯二甲酸-盐酸缓冲液(0.05mol/L)	2.2～3.8	邻苯二甲酸氢钾 M_r=204.23
磷酸氢二钠-柠檬酸缓冲液	2.2～8.0	磷酸氢二钠 M_r=141.98
柠檬酸-氢氧化钠-盐酸缓冲液	2.2～6.5	柠檬酸 M_r=192.06
柠檬酸-柠檬酸钠缓冲液(0.1mol/L)	3.0～6.6	柠檬酸 M_r=192.06 柠檬酸钠 M_r=257.96
乙酸-乙酸钠缓冲液(0.2mol/L)	3.6～5.8	乙酸钠 M_r=81.76 乙酸 M_r=60.05
邻苯二甲酸氢钾-氢氧化钠缓冲液	4.1～5.9	邻苯二甲酸氢钾 M_r=204.23
磷酸氢二钠-磷酸二氢钠缓冲液(0.2mol/L)	5.8～8.0	$Na_2HPO_4 \cdot 2H_2O$ M_r=178.05 $Na_2HPO_4 \cdot 12H_2O$ M_r=358.22 $NaH_2PO_4 \cdot H_2O$ M_r=138.01 $NaH_2PO_4 \cdot 2H_2O$ M_r=156.03
磷酸氢二钠-磷酸二氢钾缓冲液(1/15mol/L)	4.92～8.18	$Na_2HPO_4 \cdot 2H_2O$ M_r=178.05 KH_2PO_4 M_r=136.09
磷酸二氢钾-氢氧化钠缓冲液(0.05mol/L)	5.8～8.0	KH_2PO_4 M_r=136.09
巴比妥钠-盐酸缓冲液(18℃)	6.8～9.6	巴比妥钠 M_r=206.18
Tris-盐酸缓冲液(0.05mol/L 25℃)	7.10～9.00	三羟甲基氨基甲烷(Tris) M_r=121.14
硼砂-盐酸缓冲液(0.05mol/L)	8.0～9.1	硼砂 $Na_2B_4O_7 \cdot 10H_2O$ M_r=381.43
硼酸-硼砂缓冲液(0.2mol/L)	7.4～8.0	硼砂 $Na_2B_4O_7 \cdot 10H_2O$ M_r=381.4 H_3BO_3 M_r=61.84
甘氨酸-氢氧化钠缓冲液(0.05mol/L)	8.6～10.6	甘氨酸 M_r=75.07
硼砂-氢氧化钠缓冲液(0.05mol/L)	9.3～10.1	硼砂 $Na_2B_4O_7 \cdot 10H_2O$ M_r=381.43
碳酸钠-碳酸氢钠缓冲液(0.1mol/L)	9.16～10.83	碳酸钠 M_r=286.2 碳酸氢钠 M_r=84.0
碳酸钠-氢氧化钠缓冲液(0.025mol/L)	9.6～11.0	
磷酸氢二钠-氢氧化钠缓冲液	10.9～12.0	$Na_2HPO_4 \cdot 2H_2O$ M_r=178.05 $Na_2HPO_4 \cdot 12H_2O$ M_r=358.22
氯化钾-盐酸缓冲液(0.2mol/L)	1.0～2.2	氯化钾 M_r=74.55
氯化钾-氢氧化钠缓冲液(0.2mol/L)	12.0～13.0	氯化钾 M_r=74.55

附录七　常用缓冲溶液配制

(1) 甘氨酸-盐酸缓冲液 (0.05mol/L)

XmL 0.2mol/L 甘氨酸+YmL 0.2mol/L HCl，再加水稀释至 200mL。

pH(20℃)	X	Y	pH(20℃)	X	Y
2.0	50	44.0	3.0	50	11.4
2.4	50	32.4	3.2	50	8.2
2.6	50	24.2	3.4	50	6.4
2.8	50	16.8	3.6	50	5.0

M_r（甘氨酸）=75.07，0.2mol/L 甘氨酸溶液为 15.01g/L。

（2）邻苯二甲酸-盐酸缓冲液（0.05mol/L）

XmL 0.2mol/L 邻苯二甲酸氢钾+YmL 0.2mol/L HCl，再加水稀释到 200mL。

pH(20℃)	X	Y	pH(20℃)	X	Y
2.2	5	4.070	3.2	5	1.470
2.4	5	3.960	3.4	5	0.990
2.6	5	3.295	3.6	5	0.597
2.8	5	2.642	3.8	5	0.263
3.0	5	2.022			

M_r（邻苯二甲酸氢钾）=204.23，0.2mol/L 邻苯二甲酸氢溶液为 40.85g/L。

（3）磷酸氢二钠-柠檬酸缓冲液

XmL 0.2mol/L 磷酸氢二钠+YmL 0.1mol/L 柠檬酸，再加水稀释到 200mL。

pH	X	Y	pH	X	Y
2.2	0.40	10.60	5.2	10.72	9.28
2.4	1.24	18.76	5.4	11.15	8.85
2.6	2.18	17.82	5.6	11.60	8.40
2.8	3.17	16.83	5.8	12.09	7.91
3.0	4.11	15.89	6.0	12.63	7.37
3.2	4.94	15.06	6.2	13.22	6.78
3.4	5.70	14.30	6.4	13.85	6.15
3.6	6.44	13.56	6.6	14.55	5.45
3.8	7.10	12.90	6.8	15.45	4.55
4.0	7.71	12.29	7.0	16.47	3.53
4.2	8.28	11.72	7.2	17.39	2.61
4.4	8.82	11.18	7.4	18.17	1.83
4.6	9.35	10.65	7.6	18.73	1.27
4.8	9.86	10.14	7.8	19.15	0.85
5.0	10.30	9.70	8.0	19.45	0.55

M_r（$Na_2HPO_4 \cdot 2H_2O$）=178.05，0.2mol/L 溶液为 35.01g/L。

M_r（$C_6H_8O_7 \cdot H_2O$）=210.14，0.1mol/L 溶液为 21.01g/L。

（4）柠檬酸-柠檬酸钠缓冲液（0.1mol/L）

XmL 0.1mol/L 柠檬酸钠+YmL 0.1mol/L 柠檬酸，再加水稀释到 200mL。

pH	X	Y	pH	X	Y
3.0	18.6	1.4	4.4	11.4	8.6
3.2	17.2	2.8	4.6	10.3	9.7
3.4	16.0	4.0	4.8	9.2	10.8
3.6	14.9	5.1	5.0	8.2	11.8
3.8	14.0	6.0	5.2	7.3	12.7
4.0	13.1	6.9	5.4	6.4	13.6
4.2	12.3	7.7	5.6	5.5	14.5

pH	X	Y	pH	X	Y
5.8	4.7	15.3	6.4	2.0	18.0
6.0	3.8	16.2	6.6	1.4	18.6
6.2	2.8	17.2			

M_r（$C_6H_8O_7 \cdot H_2O$）=210.14，0.1mol/L 溶液为 21.01g/L。

M_r（$Na_3C_6H_5O_7 \cdot 2H_2O$）=294.12，0.1mol/L 溶液为 29.41g/L。

（5）乙酸-乙酸钠缓冲液（0.2mol/L）

XmL 0.2mol/L NaAc+YmL 0.3mol/L HAc，再加水稀释到 200mL。

pH(18℃)	X	Y	pH(18℃)	X	Y
2.6	0.75	9.25	4.8	5.90	4.10
3.8	1.20	8.80	5.0	7.00	3.00
4.0	1.80	8.20	5.2	7.90	2.10
4.2	2.65	7.35	5.4	8.60	1.40
4.4	3.70	6.30	5.6	9.10	0.90
4.6	4.90	5.10	5.8	9.40	0.60

M_r（$Na_2Ac \cdot 3H_2O$）=136.09，0.2mol/L 溶液为 27.22g/L。

（6）磷酸盐缓冲液

① 磷酸氢二钠-磷酸二氢钠缓冲液（0.2mol/L）

pH	0.2mol/L Na_2HPO_4/mL	0.3mol/L NaH_2PO_4/mL	pH	0.2mol/L Na_2HPO_4/mL	0.3mol/L NaH_2PO_4/mL
5.8	8.0	92.0	7.0	61.0	39.0
5.9	10.0	90.0	7.1	67.0	33.0
6.0	12.3	87.7	7.2	72.0	28.0
6.1	15.0	85.0	7.3	77.0	23.0
6.2	18.5	81.5	7.4	81.0	19.0
6.3	22.5	77.5	7.5	84.0	16.0
6.4	26.5	73.5	7.6	87.0	13.0
6.5	31.5	68.5	7.7	89.5	10.5
6.6	37.5	62.5	7.8	91.5	8.5
6.7	43.5	56.5	7.9	93.0	7.0
6.8	49.5	51.0	8.0	94.7	5.3
6.9	55.0	45.0	7.0		

M_r（$Na_2HPO_4 \cdot 2H_2O$）=178.05，0.2mol/L 溶液为 85.61g/L。

M_r（$Na_2HPO_4 \cdot 2H_2O$）=156.03，0.2mol/L 溶液为 31.21g/L。

② 磷酸氢二钠-磷酸二氢钾缓冲液（1/15mol/L）

pH	1/15mol/L Na_2HPO_4/mL	1/15mol/L KH_2PO_4/mL	pH	1/15mol/L Na_2HPO_4/mL	1/15mol/L KH_2PO_4/mL
4.92	0.10	9.90	7.17	7.00	3.00
5.29	0.50	9.50	7.38	8.00	2.00
5.91	1.00	9.00	7.73	9.00	1.00
6.24	2.00	8.00	8.04	9.50	0.50
6.47	3.00	7.00	8.34	9.75	0.25
6.64	4.00	6.00	8.67	9.90	0.10
6.81	5.00	5.00	8.18	10.00	0
6.98	6.00	4.00			

M_r（$Na_2HPO_4 \cdot 2H_2O$）=178.05，1/15mol/L 溶液为 11.876g/L。

M_r（KH_2PO_4）=136.09，1/15mol/L 溶液为 9.078g/L。

（7）磷酸二氢钾-氢氧化钠缓冲液（0.05mol/L）

XmL 0.2mol/L K_2PO_4 +YmL 0.2mol/L NaOH，再加水稀释到 200mL。

pH(20℃)	X	Y	pH(20℃)	X	Y
5.8	5	0.372	7.0	5	2.963
6.0	5	0.570	7.2	5	3.500
6.2	5	0.860	7.4	5	3.950
6.4	5	1.260	7.6	5	4.280
6.6	5	1.780	7.8	5	4.520
6.8	5	2.365	8.0	5	4.680

（8）硼酸-硼砂缓冲液（0.2mol/L 硼酸根）

XmL 0.2mol/L $Na_2B_4O_7$ +YmL 0.2mol/L H_2BO_3，再加水稀释到 200mL。

pH	X	Y	pH	X	Y
7.4	1.0	9.0	8.2	3.5	6.5
7.6	1.5	8.5	8.4	4.5	5.5
7.8	2.0	8.0	8.7	6.0	4.0
8.0	3.0	7.0	9.0	8.0	2.0

M_r（$Na_2B_4O_7 \cdot H_2O$）=381.43，0.05mol/L 溶液（=0.2mol/L 硼酸根）为 19.07g/L。

M_r（H_2BO_3）=61.84，0.2mol/L 溶液为 12.37g/L。

硼砂易失去结晶水，必须在带塞的瓶中保存。

（9）甘氨酸-氢氧化钠缓冲液（0.05mol/L）

XmL 0.2mol/L 甘氨酸+YmL 0.2mol/L NaOH，再加水稀释到 200mL。

pH	X	Y	pH	X	Y
8.6	50	4.0	9.6	50	22.4
8.8	50	6.0	9.8	50	27.2
9.0	50	8.8	10.0	50	32.0
9.2	50	12.0	10.4	50	38.6
9.4	50	16.8	10.6	50	45.5

M_r（甘氨酸）=75.07，0.2mol/L 溶液为 15.01g/L。

（10）硼砂-氢氧化钠缓冲液（0.05mol/L 硼酸根）

XmL 0.05mol/L 硼砂+YmL 0.2mol/L NaOH 加水稀释到 200mL。

pH	X	Y	pH	X	Y
9.3	50	6.0	9.8	50	34.0
9.4	50	11.0	10.0	50	43.0
9.6	50	23.0	10.1	50	46.0

M_r（$Na_2B_4O_7 \cdot 10H_2O$）=381.43，0.05mol/L 溶液为 19.07g/L。

（11）碳酸钠-碳酸氢钠缓冲液（0.1mol/L）

Ca^{2+}、Mg^{2+} 存在时不得使用。

pH		0.1mol/L Na_2CO_3/mL	0.1mol/L Na_2HCO_3/mL
20℃	37℃		
9.16	8.77	1	9
9.40	9.12	2	8
9.51	9.40	3	7
9.78	9.50	4	6
9.90	9.72	5	5
10.14	9.90	6	4
10.28	10.08	7	3
10.53	10.28	8	2

M_r（$Na_2CO_2 \cdot 10H_2O$）=286.2，0.1mol/L 溶液为 28.62g/L。

M_r（$NaHCO_3$）=84.0，0.1mol/L 溶液为 8.40g/L。

附录八　几种常见的气体干燥剂

干燥剂	可干燥气体		
	中性	酸性	碱性
H_2SO_4	N_2，O_2，H_2，CH_4，CO	CO_2，SO_2，HCl，Cl_2	
$CaCl_2$	N_2，O_2，H_2，CH_4，CO	CO_2，SO_2，HCl	
P_2O_5	N_2，O_2，H_2，CH_4，CO	CO_2，SO_2，	
CaO	N_2，O_2，H_2，CH_4		NH_3
KOH	N_2，O_2，H_2，CH_4		NH_3

附录九　气体在水中的溶解度

气体	T/℃	溶解度/(g/100g H_2O)	气体	T/℃	溶解度/(g/100g H_2O)
H_2	0	2.14	NO	60	2.37
	20	0.85	NH_3	0	89.9
CO	0	3.5		100	7.4
	20	2.32	O_2	0	4.89
CO_2	0	171.3		25	3.16
	20	90.1	H_2S	0	437
SO_2	0	22.8		40	186
N_2	0	2.33	Cl_2	10	310
	40	1.42		30	177
NO	0	7.34			

附录十　常用的气体净化剂

气体	所含杂质	净化剂	气体	所含杂质	净化剂
O_2	Cl_2	NaOH 溶液	CO	CO_2	石灰水
H_2	H_2S	$CuSO_4$ 溶液	N_2	O_2	加热铜网
CO_2	HCl	饱和 $NaHCO_3$ 溶液	CO_2	CO 或 H_2	CuO
CH_4	C_2H_2	溴水	H_2S	HCl	饱和 NaHS
Cl_2	HCl	饱和食盐水	NO	NO_2	水

附录十一　常见化合物的俗名和主要化学成分

类别	俗名	主要化学成分
硅化合物	石英	SiO_2
	水晶	SiO_2
	打火石、燧石	SiO_2
	玻璃	SiO_2
	砂石	SiO_2
钠化合物	食盐	NaCl
	硼砂	$Na_2B_4O_7 \cdot 10H_2O$
	苏打、纯碱	Na_2CO_3
	小苏打	$NaHCO_3$
	海波	$Na_2S_2O_3 \cdot 5H_2O$
	红矾钠	$Na_2Cr_2O_7 \cdot 2H_2O$
	苛性钠、烧碱、苛性碱、火碱	NaOH
钾化合物	钾盐、碱砂	K_2CO_3
	黄血盐	$K_4Fe(CN)_6 \cdot 2H_2O$
	赤血盐	$K_3Fe(CN)_6$
	苛性钾	KOH
	灰锰氧	$KMnO_4$
	钾硝石、火硝	KNO_3
	吐酒石	$K(SbO)C_4H_4O_6$
铵化合物	硝铵、钠硝石	NH_4NO_3
	硫铵	$(NH_4)_2SO_4$
	卤砂	NH_4Cl
钡化合物	重晶石	$BaSO_4$
	钡石	$BaSO_4$
	钡垩石	$BaCO_3$
锶化合物	天青石	$SrSO_4$
	锶垩石	$SrCO_3$
铬化合物	铬绿	Cr_2O_3
	铬矾	$Cr_2K_2(SO_4)_4 \cdot 24H_2O$
	铵铬矾	$Cr_2(NH_4)_2(SO_4)_4 \cdot 24H_2O$
	红矾	$K_2Cr_2O_7$
	铬黄	$PbCrO_4$
钙化合物	电石	CaC_2
	白垩	$CaCO_3$
	石灰石	$CaCO_3$
	大理石	$CaCO_3$
	文石、霞石	$CaCO_3$
	方解石	$CaCO_3$
	萤石、氟石	CaF_2
	熟石灰、消石灰	$Ca(OH)_2$
	漂白粉、氯化石灰	$Ca(OHCl) \cdot Cl$
	生石灰	CaO
	无水石膏、硬石膏	$CaSO_4$
	烘石膏、熟石膏、巴黎石膏	$2CaSO_4 \cdot H_2O$
	重石	$CaWO_4$
	白云石	$CaCO_3 \cdot MgCO_3$
	电石	CaC_2

续表

类别	俗名	主要化学成分
锰化合物	硫锰矿	MnS
	软锰矿	MnO_2
	黑石子	MnO_2
铝化合物	矾土	Al_2O_3
	刚玉	Al_2O_3
	铝胶	Al_2O_3
	红宝石	Al_2O_3
	明矾、铝矾	$K_2Al_2(SO_4)_4 \cdot 12H_2O$
	高岭土	$Al_2O_3 \cdot 2SiO_2 \cdot 2H_2O$
	铵矾	$(NH_4)_2Al_2(SO_4)_4 \cdot 24H_2O$
	明矾石	$K_2SO_4 \cdot Al_2(SO_4)_3 \cdot 2\ Al_2O_3 \cdot 6H_2O$
	群青、佛青	$Na_2Al_4Si_6S_4O_{33}$ 或 NaX $Al_4Si_6S_4O_{23}$
铁化合物	铁丹	Fe_2O_3
	赤铁矿	Fe_2O_3
	磁铁矿	Fe_3O_4
	菱铁矿	$FeCO_3$
	滕氏盐	$Fe_3[Fe(CN)_6]_2$
	普鲁氏盐	$Fe_4[Fe(CN)_6]_3$
	绿矾	$FeSO_4 \cdot 7H_2O$
	铁矾	$Fe_2K_2(SO_4)_4 \cdot 24H_2O$
	毒砂	FeAsS
	磁黄铁矿	FeS
	黄铁矿	FeS2
镁化合物	摩尔盐	$(NH_4)_2SO_4 \cdot FeSO_4 \cdot 6H_2O$
	白苦土、烧苦土	MgO
	卤盐	$MgCl_2$
	泻利盐	$MgSO_4 \cdot 7H_2O$
	菱苦土	$MgCO_3$
	光卤石	$KCl \cdot MgCl_2 \cdot 6H_2O$
	滑石	$3MgO \cdot 4SiO_2 \cdot H_2O$
锌化合物	锌白	ZnO
	红锌矿	ZnO
	闪锌矿	ZnS
	炉甘石	$ZnCO_3$
	锌矾、白矾	$ZnSO_4 \cdot 7H_2O$
	锌钡白、立德粉	$ZnS+BaSO_4$
铅化合物	黄丹、密陀僧	PbO
	红铅、铅丹	Pb_3O_4
	方铅矿	PbS
	铅白	$2PbCO_3 \cdot Pb(OH)_2$
汞化合物	甘汞	Hg_2Cl_2
	升汞	$HgCl_2$
	三仙丹	HgO
	辰砂米砂	HgS
	雷汞	$Hg(CNO)_2 \cdot 1/2H_2O$
铜化合物	铜绿	$CuCO_3 \cdot Cu(OH)_2$
	孔雀石	$CuCO_3 \cdot Cu(OH)_2$
	胆矾、铜矾	$CuSO_4 \cdot 5H_2O$
	赤铜矿	Cu_2O
	方黑铜矿	CuO
	黄铜矿	$CuFeS_2$

续表

类别	俗名	主要化学成分
砷化合物	砒霜	As_2O_3
	雄黄	As_2S_2 或 As_4S_4
	雌黄	As_2S_3
锑化合物	锑白	Sb_2O_3 或 Sb_4O_6
	辉锑矿	Sb_2S_3
	闪锑矿	Sb_2S_3
有机化合物	电石气	C_2H_2
	蚁醇、木醇、木精	CH_3OH
	酒精、火酒	CH_3CH_2OH
	福尔马林、福马林	HCHO
	蚁酸	HCOOH
	醋、醋精、乙酸	CH_3COOH
	石炭酸	C_6H_5OH
	玫瑰油	苯乙醇
	火棉胶	硝化纤维
	石油醚	汽油的一种(沸程 30～70℃)
	凡士林	液体和固体石蜡烃混合物

附录十二　常见无机离子的颜色

颜色	离子
红	$[Fe(NCS)_n]^{3-n}$,$[Co(H_2O)_6]^{2+}$,$[Co(NH_3)_5(H_2O)_6]^{2+}$,$[Cr(NH_3)_3(H_2O)_3]^{3+}$
橙	$Cr_2O_7^{2-}$,$[Co(NH_3)_6]^{3+}$,$[Cr(NH_3)_4(H_2O)_2]^{3+}$,$[Cr(NH_3)_5(H_2O)]^{2+}$,$[Fe(CN)_6]^{3-}$
肉	$[Mn(H_2O)_6]^{2+}$
黄	$[CuCl_4]^{2-}$,$[Cr(NH_3)_6]^{3+}$,CrO_4^{2-},$[Fe(CN)_6]^{4-}$,$[Co(NH_3)_6]^{2+}$,I_3^-
绿	$[Cr(H_2O)_5Cl]^{2+}$,$[Cr(H_2O)_4Cl_2]^+$,CrO_2^-,MnO_4^{2-},$[Fe(H_2O)_6]^{2+}$,$[Ni(H_2O)_6]^{2+}$
蓝	$[Cu(H_2O)_4]^{2+}$,$[Cu(NH_3)_4]^{2+}$,$[Cr(H_2O)_6]^{2+}$,$[Co(SCN)_4]^{2-}$,$[Ni(NH_3)_6]^{2+}$
紫	$[Cr(H_2O)_6]^{3+}$,$[Cr(NH_3)_2(H_2O)_4]^{3+}$,$MnO_4^-$,$[Fe(H_2O)_6]^{3+}$,$[CoCl(NH_3)_5]^{2+}$,$[Co(NH_3)_4CO_3]^+$,$[Co(CN)_6]^{3-}$

附录十三　常见无机化合物的颜色

颜色	化合物
黑	Ag_2S,Hg_2S,HgS,PbS,Cu_2S,CuS,FeS,CoS,NiS,CuO,NiO,Fe_3O_4,FeO,MnO_2,金属的沉淀,碳
褐	Bi_2S_3,SnS,Bi_2O_3,PbO_2,Ag_2O,CdO,CuBr
红	HgS,Sb_2S_3,Fe_2O_3,HgO,Pb_3O_4,HgI_2,$FeCl_3$(无水物),$K_3Fe(CN)_6$,$Ag_2Cr_2O_7$,某些重铬酸盐,碘化物和钴盐
粉红	亚锰盐,水合钴盐
黄	As_2S_3,As_2S_5,SnS_2,CdS,HgO,AgI,PbO,多数铬酸盐、铁盐,某些碘化物
绿	镍盐,水合亚铁盐,某些铜盐如 $CuCO_3$,$CuCl_2$,某些铬盐
蓝	水合铜盐,无水钴盐
紫	高锰酸盐,一些铬盐
橘红	Sb_2S_5,Sb_2S_3,多数重铬酸盐

参 考 文 献

[1] 北京大学化学与分子工程学院分析化学教学组．基础分析化学实验［M］．3版．北京：北京大学出版社，2010.
[2] 崔学桂．张晓丽．胡清萍．基础化学实验（Ⅰ）［M］．2版．北京：化学工业出版社，2007.
[3] 廖戎，刘兴利，冯豫川．基础化学实验［M］．北京：化学工业出版社，2013.
[4] 南京大学无机及分析化学实验编写组．无机及分析化学实验［M］．5版．北京：高等教育出版社，2015.
[5] 北京师范大学无机化学教研室等．无机化学实验［M］．3版．北京：高等教育出版社，2007.
[6] 方国女，王燕，周其镇．大学基础化学实验（Ⅰ）［M］．2版．北京：化学工业出版社，2010.
[7] 李聚源．普通化学实验［M］．2版．北京：化学工业出版社，2007.
[8] 牟文生．无机化学实验［M］．3版．北京：高等教育出版社，2014.
[9] 周宁怀．微型无机化学实验［M］．北京：科学出版社，2000.
[10] 武汉大学．分析化学实验［M］．3版．北京：高等教育出版社，1994.
[11] 刘约权，李贵深．实验化学［M］．2版．北京：高等教育出版社，2000.
[12] 孟长功．基础化学实验［M］．北京：高等教育出版社，2004.
[13] 曾仁权．基础化学实验［M］．2版．北京：科学出版社，2020.

元素周期表

IUPAC 2013

说明	95 Am 镅▲
原子序数	95
元素符号(红色的为放射性元素)	Am
元素名称(注▲的为人造元素)	镅▲
价层电子构型	$5f^77s^2$
以 $^{12}C=12$ 为基准的原子量(注✦的是半衰期最长同位素的原子量)	243.06138(2)✦
氧化态(单质的氧化态为0，未列入；常见的为红色)	+2 +3 +4 +5 +6

s区元素　p区元素　d区元素　ds区元素　f区元素　稀有气体

周期\族	1 IA	2 IIA	3 IIIB	4 IVB	5 VB	6 VIB	7 VIIB	8	9 VIIIB(VIII)	10	11 IB	12 IIB	13 IIIA	14 IVA	15 VA	16 VIA	17 VIIA	18 VIIIA(0)	电子层
1	-1 +1 1 H 氢 $1s^1$ 1.008																	2 He 氦 $1s^2$ 4.002602(2)	K
2	+1 3 Li 锂 $2s^1$ 6.94	+2 4 Be 铍 $2s^2$ 9.0121831(5)											+3 5 B 硼 $2s^22p^1$ 10.81	-4 +2 +4 6 C 碳 $2s^22p^2$ 12.011	-3 -2 -1 +1 +2 +3 +4 +5 7 N 氮 $2s^22p^3$ 14.007	-2 -1 8 O 氧 $2s^22p^4$ 15.999	-1 9 F 氟 $2s^22p^5$ 18.998403163(6)	10 Ne 氖 $2s^22p^6$ 20.1797(6)	L K
3	-1 +1 11 Na 钠 $3s^1$ 22.98976928(2)	+2 12 Mg 镁 $3s^2$ 24.305											+3 13 Al 铝 $3s^23p^1$ 26.9815385(7)	-4 +2 +4 14 Si 硅 $3s^23p^2$ 28.085	-3 +1 +3 +5 15 P 磷 $3s^23p^3$ 30.973761998(5)	-2 +2 +4 +6 16 S 硫 $3s^23p^4$ 32.06	-1 +1 +3 +5 +7 17 Cl 氯 $3s^23p^5$ 35.45	18 Ar 氩 $3s^23p^6$ 39.948(1)	M L K
4	-1 +1 19 K 钾 $4s^1$ 39.0983(1)	+2 20 Ca 钙 $4s^2$ 40.078(4)	+3 21 Sc 钪 $3d^14s^2$ 44.955908(5)	-1 0 +2 +3 +4 22 Ti 钛 $3d^24s^2$ 47.867(1)	0 ±1 +2 +3 +4 +5 23 V 钒 $3d^34s^2$ 50.9415(1)	-3 0 ±1 ±2 +3 +4 +5 +6 24 Cr 铬 $3d^54s^1$ 51.9961(6)	-2 0 ±1 +2 +3 +4 +5 +6 +7 25 Mn 锰 $3d^54s^2$ 54.938044(3)	-2 0 ±1 +2 +3 +4 +5 +6 26 Fe 铁 $3d^64s^2$ 55.845(2)	0 ±1 +2 +3 +4 +5 27 Co 钴 $3d^74s^2$ 58.933194(4)	0 ±1 +2 +3 +4 28 Ni 镍 $3d^84s^2$ 58.6934(4)	+1 +2 +3 +4 29 Cu 铜 $3d^{10}4s^1$ 63.546(3)	+1 +2 30 Zn 锌 $3d^{10}4s^2$ 65.38(2)	+1 +3 31 Ga 镓 $4s^24p^1$ 69.723(1)	+2 +4 32 Ge 锗 $4s^24p^2$ 72.630(8)	-3 +3 +5 33 As 砷 $4s^24p^3$ 74.921595(6)	-2 +4 +6 34 Se 硒 $4s^24p^4$ 78.971(8)	-1 +1 +3 +5 +7 35 Br 溴 $4s^24p^5$ 79.904	+2 +4 36 Kr 氪 $4s^24p^6$ 83.798(2)	N M L K
5	-1 +1 37 Rb 铷 $5s^1$ 85.4678(3)	+2 38 Sr 锶 $5s^2$ 87.62(1)	+3 39 Y 钇 $4d^15s^2$ 88.90584(2)	+1 +2 +3 +4 40 Zr 锆 $4d^25s^2$ 91.224(2)	0 ±1 +2 +3 +4 +5 41 Nb 铌 $4d^45s^1$ 92.90637(2)	0 ±1 ±2 +3 +4 +5 +6 42 Mo 钼 $4d^55s^1$ 95.95(1)	0 ±1 +2 +3 +4 +5 +6 +7 43 Tc 锝▲ $4d^55s^2$ 97.90721(3)✦	0 +1 +2 +3 +4 +5 +6 +7 +8 44 Ru 钌 $4d^75s^1$ 101.07(2)	0 +1 +2 +3 +4 +5 +6 45 Rh 铑 $4d^85s^1$ 102.90550(2)	0 +1 +2 +3 +4 46 Pd 钯 $4d^{10}$ 106.42(1)	+1 +2 +3 47 Ag 银 $4d^{10}5s^1$ 107.8682(2)	+1 +2 48 Cd 镉 $4d^{10}5s^2$ 112.414(4)	+1 +3 49 In 铟 $5s^25p^1$ 114.818(1)	+2 +4 50 Sn 锡 $5s^25p^2$ 118.710(7)	-3 +3 +5 51 Sb 锑 $5s^25p^3$ 121.760(1)	-2 +4 +6 52 Te 碲 $5s^25p^4$ 127.60(3)	-1 +1 +3 +5 +7 53 I 碘 $5s^25p^5$ 126.90447(3)	+2 +4 +6 +8 54 Xe 氙 $5s^25p^6$ 131.293(6)	O N M L K
6	-1 +1 55 Cs 铯 $6s^1$ 132.90545196(6)	+2 56 Ba 钡 $6s^2$ 137.327(7)	57~71 La~Lu 镧系	+1 +2 +3 +4 72 Hf 铪 $5d^26s^2$ 178.49(2)	0 +1 +2 +3 +4 +5 73 Ta 钽 $5d^36s^2$ 180.94788(2)	0 ±1 +2 +3 +4 +5 +6 74 W 钨 $5d^46s^2$ 183.84(1)	0 +1 +2 +3 +4 +5 +6 +7 75 Re 铼 $5d^56s^2$ 186.207(1)	0 +1 +2 +3 +4 +5 +6 +7 +8 76 Os 锇 $5d^66s^2$ 190.23(3)	0 +1 +2 +3 +4 +5 +6 77 Ir 铱 $5d^76s^2$ 192.217(3)	0 +2 +3 +4 +5 +6 78 Pt 铂 $5d^96s^1$ 195.084(9)	+1 +2 +3 +5 79 Au 金 $5d^{10}6s^1$ 196.966569(5)	+1 +2 +3 80 Hg 汞 $5d^{10}6s^2$ 200.592(3)	+1 +3 81 Tl 铊 $6s^26p^1$ 204.38	+2 +4 82 Pb 铅 $6s^26p^2$ 207.2(1)	-3 +3 +5 83 Bi 铋 $6s^26p^3$ 208.98040(1)	-2 +2 +4 +6 84 Po 钋 $6s^26p^4$ 208.98243(2)✦	±1 +7 85 At 砹 $6s^26p^5$ 209.98715(5)✦	+2 86 Rn 氡 $6s^26p^6$ 222.01758(2)✦	P O N M L K
7	+1 87 Fr 钫▲ $7s^1$ 223.01974(2)✦	+2 88 Ra 镭 $7s^2$ 226.02541(2)✦	89~103 Ac~Lr 锕系	104 Rf 𬬻▲ $6d^27s^2$ 267.122(4)✦	105 Db 𬭊▲ $6d^37s^2$ 270.131(4)✦	106 Sg 𬭳▲ $6d^47s^2$ 269.129(3)✦	107 Bh 𬭛▲ $6d^57s^2$ 270.133(2)✦	108 Hs 𬭶▲ $6d^67s^2$ 270.134(2)✦	109 Mt 鿏▲ $6d^77s^2$ 278.156(5)✦	110 Ds 𫟼▲ 281.165(4)✦	111 Rg 𬬭▲ 281.166(6)✦	112 Cn 鎶▲ 285.177(4)✦	113 Nh 鿭▲ 286.182(5)✦	114 Fl 𫓧▲ 289.190(4)✦	115 Mc 镆▲ 289.194(6)✦	116 Lv 𫟷▲ 293.204(4)✦	117 Ts 鿬▲ 293.208(6)✦	118 Og 鿫▲ 294.214(5)✦	Q P O N M L K

系															
★镧系	+3 57 La★ 镧 $5d^16s^2$ 138.90547(7)	+2 +3 +4 58 Ce 铈 $4f^15d^16s^2$ 140.116(1)	+3 +4 59 Pr 镨 $4f^36s^2$ 140.90766(2)	+2 +3 +4 60 Nd 钕 $4f^46s^2$ 144.242(3)	+3 61 Pm 钷▲ $4f^56s^2$ 144.91276(2)✦	+2 +3 62 Sm 钐 $4f^66s^2$ 150.36(2)	+2 +3 63 Eu 铕 $4f^76s^2$ 151.964(1)	+3 64 Gd 钆 $4f^75d^16s^2$ 157.25(3)	+3 +4 65 Tb 铽 $4f^96s^2$ 158.92535(2)	+3 +4 66 Dy 镝 $4f^{10}6s^2$ 162.500(1)	+3 67 Ho 钬 $4f^{11}6s^2$ 164.93033(2)	+3 68 Er 铒 $4f^{12}6s^2$ 167.259(3)	+2 +3 69 Tm 铥 $4f^{13}6s^2$ 168.93422(2)	+2 +3 70 Yb 镱 $4f^{14}6s^2$ 173.045(10)	+3 71 Lu 镥 $4f^{14}5d^16s^2$ 174.9668(1)
★锕系	+3 89 Ac★ 锕 $6d^17s^2$ 227.02775(2)✦	+3 +4 90 Th 钍 $6d^27s^2$ 232.0377(4)	+3 +4 +5 91 Pa 镤 $5f^26d^17s^2$ 231.03588(2)	+2 +3 +4 +5 +6 92 U 铀 $5f^36d^17s^2$ 238.02891(3)	+3 +4 +5 +6 +7 93 Np 镎 $5f^46d^17s^2$ 237.04817(2)✦	+3 +4 +5 +6 +7 94 Pu 钚 $5f^67s^2$ 244.06421(4)✦	+2 +3 +4 +5 +6 95 Am 镅▲ $5f^77s^2$ 243.06138(2)✦	+3 +4 96 Cm 锔▲ $5f^76d^17s^2$ 247.07035(3)✦	+3 +4 97 Bk 锫▲ $5f^97s^2$ 247.07031(4)✦	+2 +3 +4 98 Cf 锎▲ $5f^{10}7s^2$ 251.07959(3)✦	+2 +3 99 Es 锿▲ $5f^{11}7s^2$ 252.0830(3)✦	+2 +3 100 Fm 镄▲ $5f^{12}7s^2$ 257.09511(5)✦	+2 +3 101 Md 钔▲ $5f^{13}7s^2$ 258.09843(3)✦	+2 +3 102 No 锘▲ $5f^{14}7s^2$ 259.1010(7)✦	+3 103 Lr 铹▲ $5f^{14}6d^17s^2$ 262.110(2)✦